ro
ro
ro

Zu diesem Buch

Bereits zum dritten Mal stellt Heinrich Hemme in bewährter Manier ein Knobelbuch aus der «Unterhaltungsmathematik» zusammen. Dafür hat er diesmal den besonders reichhaltigen Rätselschatz des Vorderen Orients unter die Lupe genommen: Mathematik, Geometrie, Astronomie und Vermessungskunde waren Spezialgebiete der mittelalterlichen Araber, der Inder und der antiken Griechen. Abul Wafa war einer von ihnen und übersetzte, kommentierte und löste die Aufgaben aus den Büchern der griechischen Mathematiker Euklid und Diophantos. Ausgeschmückt mit einer Portion Mythen und Legenden bilden seine und viele andere «orientalische Kopfnüsse» einen fliegenden Teppich wie aus 1001 Nacht!

Heinrich Hemme, Professor am Fachbereich Maschinenbau und Mechatronik der Fachhochschule in Aachen, ist ein großer Liebhaber mathematischer Denksportaufgaben. Er gestaltet eine entsprechende Rätsel-Kolumne bei *bild der wissenschaft* und veröffentlichte bereits zahlreiche Bücher. Bei *science* erschienen «Mensch, ärgere dich nicht» (61575) und «Das Ei des Kolumbus» (61927).

Heinrich Hemme

Die magischen Vierecke des Abul Wafa

Rätsel und Knobeleien wie aus 1001 Nacht

Mit Illustrationen von
Matthias Schwoerer

Rowohlt Taschenbuch Verlag

rororo science
Lektorat Angelika Mette

Originalausgabe
Veröffentlicht im Rowohlt Taschenbuch Verlag,
Reinbek bei Hamburg, Oktober 2004

Fachliche Beratung der Reihe
Eva Ruhnau, Humanwissenschaftliches Zentrum,
Ludwig-Maximilians-Universität, München
Redaktion Annalisa Viviani
Umschlaggestaltung any.way, Barbara Hanke
(Foto: Corbis)
Satz Garamond Postscript, QXP 4.1 bei
KCS GmbH, Buchholz bei Hamburg
Druck und Bindung Clausen & Bosse, Leck
Printed in Germany
ISBN 3 499 61969 5

Inhalt

Vorwort

Als im 5. Jahrhundert n. Chr. das Römische Reich unterging, verschwand in Europa nicht nur ein Staat, sondern mit ihm auch ein großer Teil seiner Kultur. Vor allem die Leistungen der griechischen Philosophen, Mathematiker, Physiker, Astronomen und Ingenieure gerieten in Vergessenheit und warfen das Abendland kulturell um Jahrhunderte zurück.

632 starb in Medina der Prophet Mohammed, und bereits 717, fünfundachtzig Jahre später, herrschte sein Nachfolger, der Omaijade Omar II., über ein Reich, das sich vom Himalaja bis zu den Pyrenäen und vom Schwarzen Meer bis zum Golf von Aden erstreckte. Die Kalifen und Fürsten holten Wissenschaftler an ihre Höfe und förderten freigebig deren Studien. Schon bald entdeckten sie die Schriften der griechischen Antike und begannen, sie ins Arabische zu übersetzen und durch eigene Forschungen zu erweitern. Auch aus dem indischen Wissen schöpften sie vieles. So übernahmen sie beispielsweise das indische Zahlensystem mit der Null und dem sich je nach Position in der Zahl ändernden Wert einer Ziffer.

Für die arabischen Mathematiker war die Mathematik nicht nur eine Hilfswissenschaft für Handel, Vermessungswesen, Astronomie und Technik. Sie betrieben die mathematische Forschung nicht nur um ihrer selbst willen, sondern sie betrachteten sie auch als intellektuelle Unterhaltung. Sie erfanden eine Unmenge von mathematischen Denksportaufgaben, sammelten die aus anderen Kulturen und gaben sie weiter. In vielen arabischen Aufgabensammlungen sind solche mathematischen Rätsel eingestreut.

Der Mathematiker Abu Kamil schrieb sogar ein eigenes Buch über ein spezielles Problem der Unterhaltungsmathematik, das er seinen Lesern vorstellt und löst. Es trägt den Titel *Das Buch der Seltenheiten der Rechenkunst* und beginnt folgendermaßen:
«Im Namen Gottes, des Barmherzigen und Gnädigen! Es spricht Schudscha ibn Aslam, bekannt unter dem Namen Abu Kamil: Ich kenne eine besondere Art der Rechnungen, die bei Vornehmen und Geringen, bei Gelehrten und Ungelehrten erzählt werden, an denen sie sich ergötzen und die sie neu und schön finden. Es fragt einer den anderen nach der Lösung, dann wird ihm mit einer ungenauen, nur für möglich gehaltenen Antwort erwidert. Sie erkennen darin weder ein Prinzip noch eine Regel. Es pflegten viele Vornehme und Geringe mich über Aufgaben der Rechenkunst zu fragen, dann antwortete ich ihnen für jede einzelne Aufgabe mit der einzigen Antwort, wenn es keine andere gab, aber oft gab es für eine Aufgabe zwei, drei, vier oder mehr Antworten. (...) Da war meine Verwunderung hierüber groß, und ich machte die Erfahrung, dass ich, wenn ich von dieser Entdeckung erzählte, angestaunt oder für unfähig erachtet wurde oder dass diejenigen, die mich nicht kannten, einen falschen Verdacht gegen mich fassten. Da entschloss ich mich, über diese Rechnungsart ein Buch zu schreiben.»
Etwa ab dem 13. Jahrhundert entdeckten die Europäer die Bücher der Araber und begannen, sie ins Lateinische zu übersetzen. Auf diese Weise gelangten das Wissen der griechischen Antike, das indische Zahlensystem und die wissenschaftlichen Leistungen der Araber ins mittelalterliche Abendland. Aber auch viele Aufgaben der Unterhaltungsmathematik wurden aus dem Arabischen übersetzt, vor allem vom Mathematiker Leonardo von Pisa, der die arabischen Länder bereist hatte und dessen Bücher

später in ganz Europa gelesen wurden. So kommt es, dass man heute noch in vielen Zeitschriften und Rätselbüchern immer wieder auf Knobeleien trifft, die sich schon die Araber in fast der gleichen Form vor tausend Jahren gestellt haben.

In diesem Buch finden Sie Probleme der Unterhaltungsmathematik, die arabischen Manuskripten vom 8. bis zum 17. Jahrhundert entnommen wurden. Manche Aufgaben stammen auch von persischen oder jüdischen Autoren, die in den arabischen Ländern lebten. Die Aufgaben selbst sind freie Übersetzungen der Originaltexte. Im Folgenden werden die Probleme mit moderner Mathematik gelöst und in der Regel nicht wie in den arabischen Manuskripten. Eine wörtliche Übersetzung der Originallösungen wäre für den heutigen Leser nur schwer verdauliche Kost.

Für manche der alten arabischen Aufgaben gibt es moderne Varianten oder Weiterentwicklungen. Auch diese finden Sie hier.
Ich danke Ulrich Rebstock aus Freiburg und Helmut Postl aus Wien, ohne deren Hilfe ich dieses Buch nicht hätte schreiben können.

Roetgen, im Frühjahr 2004 *Heinrich Hemme*

Orientalische Kopfnüsse

1. Das magische Quadrat Buduh

Abu Abdallah Dschabir ibn Hayyan el-Sufi, der im Abendland unter dem Namen Geber bekannt ist, lebte in der zweiten Hälfte des 8. Jahrhunderts in Kufa im heutigen Irak. Man bezeichnet ihn auch häufig als den Vater der Alchimie.
Dschabir ibn Hayyan verfeinerte die chemischen Techniken seiner Zeit und erfand Apparaturen wie den Destillierhelm und den Sublimationstrichter. Er entdeckte viele Mineralien und Säuren, entwickelte Rostschutzmittel, Verfahren zur Beschriftung von Gold und Leder, wasserfeste Lackierungen von Kleidung und Methoden zur Bestimmung des Gold- und Silbergehalts in Legierungen. Viele Ausdrücke, die er verwendete, zum Beispiel Alkali, sind heute in fast allen Sprachen verbreitet. Er soll mehr als hundert Bücher verfasst haben, was aber vermutlich stark übertrieben ist.

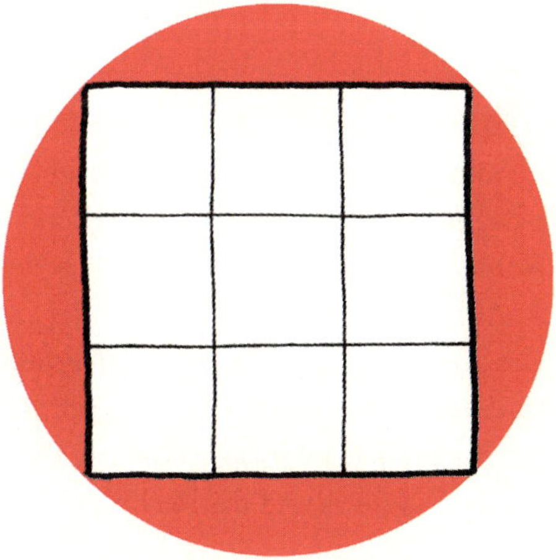

In dem ihm zugeschriebenen *Buch der Wagen* taucht erstmals in der arabischen Literatur ein magisches Quadrat auf. Es hat neun Zahlenfelder, wurde Buduh genannt und sollte die magische Kraft haben, Geburten zu erleichtern. Dschabir ibn Hayyan gibt dafür folgende Gebrauchsanweisung: Man zeichne die Figur auf zwei noch nie von Wasser benetzte Binden aus Leinwand; die schwangere Frau sieht die Binden mit der magischen Figur an; man schiebt sie ihr unter die Füße, und alsbald zeigt sich das Kind zur Geburt bereit.
In den neun Feldern des magischen Quadrats sind die Zahlen von 1 bis 9 so verteilt, dass die Summe der drei Zahlen in den drei Zeilen, den drei Spalten und den beiden Diagonalen jeweils den gleichen Wert ergibt.
Finden Sie alle Möglichkeiten, wie die Zahlen im magischen Quadrat angeordnet sein können.

2. Lachende Erben

Einer der ersten bedeutenden arabischen Mathematiker war Abu Abdallah Muhammad ibn Musa al-Khwarizmi. Er lebte etwa 780–850 in Bagdad und stand als Astronom und Geograph im Dienst des Kalifen. Auf seinen Namen geht das Wort «Algorithmus» zurück. Al-Khwarizmi verfasste zahlreiche mathematische, astronomische und historische Werke, seinen großen Ruhm aber verdankte er seinen beiden Büchern über Arithmetik und Algebra. Im ersten Buch erklärt er unter anderem auch das indische Positionssystem der Zahlen und das Rechnen in diesem System.

Über das zweite Werk schreibt er, er habe auf Verlangen des Kalifen al-Mamun ein kurz gefasstes Buch geschrieben «mit Beschränkung auf das Anmutige und Hochgeschätzte des Rechenverfahrens für das, was die Leute fortwährend notwendig brauchen bei ihren Erbschaften und ihren Vermächtnissen, bei ihren Teilungen und ihren Prozessbescheiden, bei ihren Handelsgeschäften und bei allem, womit sie sich gegenseitig befassen, von der Ausmessung der Ländereien und Herstellung der Kanäle und der Geometrie und anderem dergleichen nach seinen Gesichtspunkten und Arten». Aus diesem zweiten Buch stammt auch das folgende unterhaltsame Problem:
Eine Frau hatte einen Mann, einen Sohn und drei Töchter. Als sie starb, vermachte sie $\frac{1}{8}$ und $\frac{1}{7}$ ihres Besitzes einem Fremden. Den Rest erbten ihr Mann und ihre Kinder: Der Mann erhielt ein Viertel vom Rest, und der Sohn bekam doppelt so viel wie jede der drei Töchter. Wie viele Teile des Nachlasses erhielt jeder der sechs Erben?

3. Zehn auf einen Streich

Eine andere hübsche Aufgabe von al-Khwarizmi findet sich in seinem Buch über die Algebra ohne schmückende Geschichte.
Die Summe zweier Zahlen beträgt 10, und ihr Quotient ist 4. Wie heißen die beiden Zahlen?

4. Die Kunst des Teilens

In seiner Schrift *Von der Arithmetik* stellt al-Khwarizmi eine unterhaltsame Aufgabe, die man auch in vielen heutigen Denksportbüchern fast unverändert wieder findet.
Es waren einmal zwei Männer, von denen der eine drei Brote und der andere zwei hatte. Sie wollten sie gerade essen, da kam noch ein dritter Mann hinzu. Die drei Männer teilten sich die fünf Brote, und jeder aß gleich viel. Nach dem Mahl gab der dritte Mann den beiden anderen fünf Dirham und sagte: «Teilt euch dieses nach dem Maß dessen, was ich von eurem Brot gegessen habe.»
Wie müssen sich die beiden ersten Männer das Geld teilen?

5. Dreieck, Sechseck und Kreis

Abu l-Hasan Thabit ibn Qurra ibn Sahrun al-Harrani wurde 836 geboren und starb 901. Er war ein bedeutender Mathematiker, Astronom und Arzt, aber er beschäftigte sich auch mit philo-

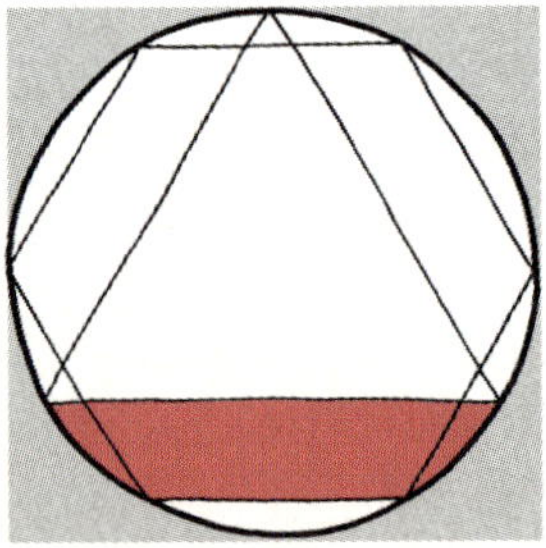

sophischen, physikalischen und geographischen Fragen. Er übersetzte griechische und syrische Schriften ins Arabische und kommentierte sie. Thabit ibn Qurra hat auch etliche unterhaltsame Probleme aus der Geometrie in seinen Schriften veröffentlicht.
In einen Kreis werden ein gleichseitiges Dreieck und ein regelmäßiges Sechseck so eingezeichnet, wie die Abbildung es zeigt. Die untere Dreieck- und die untere Sechseckseite schneiden aus dem Kreis den rot unterlegten Streifen heraus. Den wievielten Teil der Kreisfläche nimmt der graue Streifen ein?

6. Befreundete Zahlen

Thabit ibn Qurra beschäftigte sich auch mit Zahlenspielereien und hatte dabei Erfolge, die teilweise weit über die seiner griechischen Vorgänger hinausreichten. Er entdeckte und bewies zum Beispiel ein Verfahren, mit dem man befreundete Zahlen erzeugen kann.
Der griechische Mathematiker Pythagoras (ca. 570–ca. 490 v. Chr.) nannte zwei Zahlen befreundet, wenn die Summe aller Teiler der ersten Zahl gleich der zweiten Zahl ist und wenn auch umgekehrt die Summe aller Teiler der zweiten Zahl gleich der ersten Zahl ist. Dabei rechnete er die 1 zu den Teilern der Zahl, die Zahl selbst allerdings nicht. So sind also beispielsweise die Teiler von 12 die Zahlen 1, 2, 3, 4 und 6.
Ein Spezialfall der befreundeten Zahlen sind die vollkommenen Zahlen. Eine Zahl ist vollkommen, wenn sie mit sich selbst befreundet ist, das heißt, wenn sie gleich der Summe ihrer Teiler ist.

Im antiken Griechenland kannte man nur fünf Paare von befreundeten Zahlen. Vier davon sind die vollkommenen Zahlen 6, 28, 496 und 8128.

$$6 = 1 + 2 + 3$$
$$28 = 1 + 2 + 4 + 7 + 14$$
$$496 = 1 + 2 + 4 + 8 + 16 + 31 + 62 + 124 + 248$$
$$8128 = 1 + 2 + 4 + 8 + 16 + 32 + 64 + 127 + 254 + 508 + 1016 + 2032 + 4064$$

Beim fünften Paar sind die beiden Zahlen verschieden. Sie sind also nur befreundet und nicht vollkommen, und beide sind kleiner als 1000. Finden Sie das Paar!

7. Der Satz des Pythagoras

Der bedeutende Mathematiker, Astronom und Astrologe Abu l-Abbas al-Fadl ibn Hatim an-Nairizi lebte im 9. Jahrhundert in Bagdad und starb vermutlich zu Anfang des 10. Jahrhunderts. Er ist im Abendland unter dem latinisierten Namen Anaritius bekannt.

Nach dem berühmten Lehrsatz des griechischen Mathematikers Pythagoras ist bei einem rechtwinkligen Dreieck die Summe der Quadrate aus den beiden Kathetenlängen a und b gleich dem Quadrat der Hypotenusenlänge c.

$$a^2 + b^2 = c^2$$

Geometrisch lässt sich dieser Lehrsatz so deuten, dass die Gesamtfläche der beiden Quadrate, die man über die Katheten eines rechtwinkligen Dreiecks zeichnet, genauso groß ist wie die Fläche des über der Hypotenuse gezeichneten Quadrats.

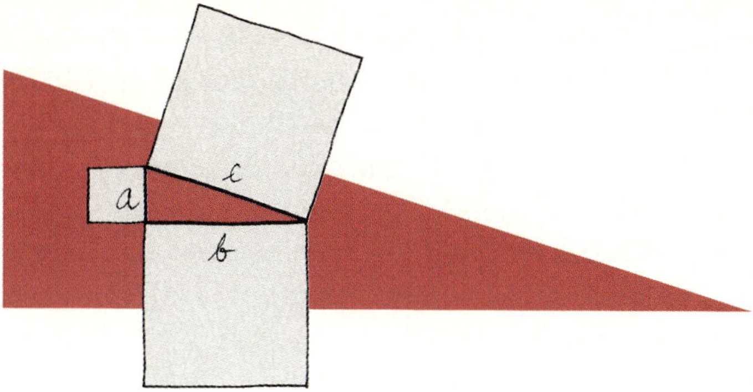

Natürlich hatten die griechischen Mathematiker diesen Satz längst bewiesen. Aber an-Nairizi fand eine neue, sehr elegante Art, diesen Satz zu beweisen: Er zerschnitt die beiden Kathetenquadrate in fünf Teile und setzte sie wieder zum Hypotenusenquadrat zusammen. Da diese Zerlegung und Zusammensetzung für jedes rechtwinklige Dreieck funktionierte, war damit der Satz bewiesen.
Finden auch Sie einen solchen Zerlegungsbeweis für den Satz des Pythagoras.

8. Der Kauf der hundert Vögel

Der Mathematiker Schudscha ibn Aslam ibn Muhammad ibn Schudscha Abu Kamil al-Hasib wirkte um 900 in Ägypten. Über sein Leben ist nichts Näheres bekannt. Er war einer der bedeutendsten arabischen Mathematiker und besonders mit den indischen Methoden der Algebra vertraut. Zur Unterhaltungsmathematik hat er unter anderem die noch heute sehr bekannte

Hundert-Vögel-Aufgabe beigetragen. In seinem Manuskript *Das Buch der Seltenheiten der Rechenkunst* hat er sie gleich in sechs verschiedenen Versionen veröffentlicht.

Ein Mann geht auf den Markt und kauft hundert Vögel. Eine Ente kostet fünf Drachmen, ein Huhn eine Drachme und je zwanzig Sperlinge auch eine Drachme. Insgesamt muss er hundert Drachmen bezahlen. Wie viele Vögel jeder Art hat der Mann gekauft?

9. Das Rechteck im Dreieck

Abu Kamil hat auch eine Reihe unterhaltsamer geometrischer Probleme veröffentlicht. Das folgende stammt aus seinem Buch *Über das Fünfeck und Zehneck*.

In ein gleichseitiges Dreieck mit der Seitenlänge 10 wird ein Rechteck gezeichnet, das einen Flächeninhalt von 10 hat. Zwei Ecken des Rechtecks liegen auf der Grundseite und die beiden anderen auf den Schenkeln des Dreiecks. Wie lang sind die Seiten des Rechtecks?

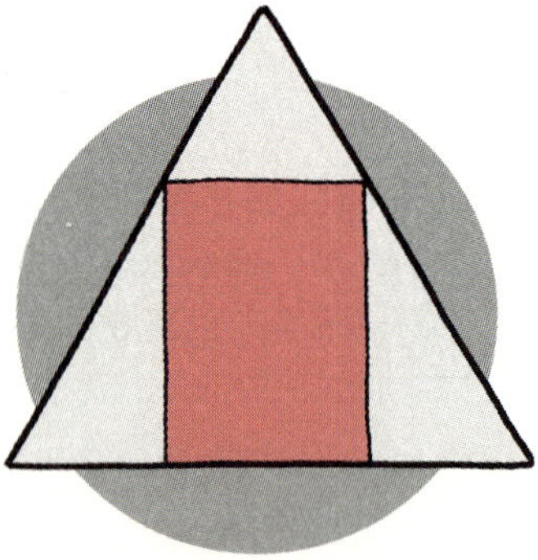

10. Das Quadrat im Dreieck

In Abu Kamils Buch *Über das Fünfeck und Zehneck* findet man auch noch eine Aufgabe, die große Ähnlichkeit mit der vorherigen hat.
In ein gleichseitiges Dreieck wird ein Quadrat gezeichnet, dessen Ecken auf den Dreiecksseiten liegen. Die Flächeninhalte des Dreiecks und des Quadrats betragen zusammen 10. Wie lang sind die Quadratseiten?

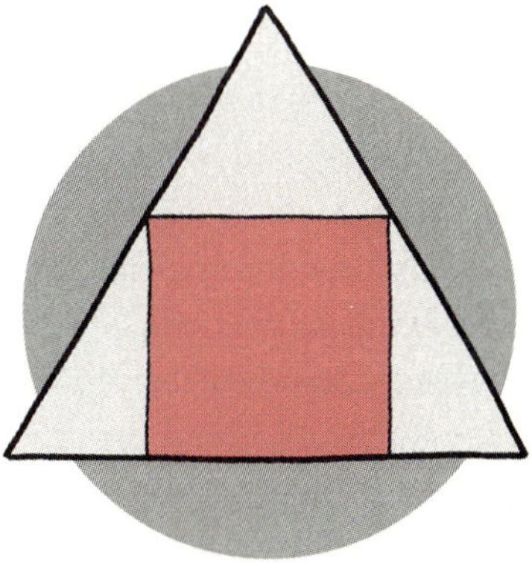

11. Das Fünfeck im Quadrat

Auch diese dritte geometrische Aufgabe aus Abu Kamils Buch *Über das Fünfeck und Zehneck* ist recht knifflig.
In ein Quadrat wird ein gleichseitiges Fünfeck so gezeichnet, dass eine seiner Ecken mit einer Quadratecke zusammenfällt und die anderen vier Ecken auf den Seiten des Quadrats liegen.

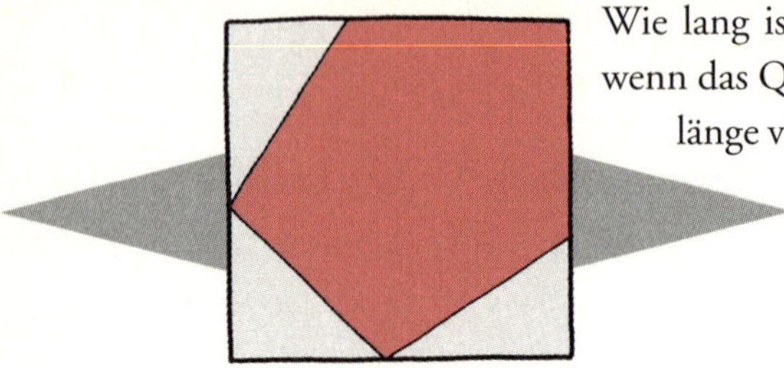

Wie lang ist die Fünfeckseite, wenn das Quadrat eine Seitenlänge von 10 hat?

12. Die Mathematik der Liebe

Abu Bakr Muhammad ibn Yahya as-Suli wurde um 880 am Kaspischen Meer geboren und starb 946 in Basra am Persischen Golf. Er lebte als Lehrer am Hof der Kalifen ar-Radi und al-Muktafi. As-Suli spielte begeistert Schach und schrieb Bücher über das Spiel, die allerdings nicht erhalten geblieben sind. As-Suli berichtet von einem Liebesgedicht, das zu seiner Zeit unter der Bevölkerung Bagdads kursierte und die Form einer mathematischen Denksportaufgabe hat:

Zwei Drittel meines Herzens gehören ihr
und davon der Drittelrest dazu
und davon wiederum ein Drittel vom Drittelrest,
davon ein Drittel vom Drittel des Drittelrests dem Mundschenk,
was bleibt, sind dann noch sechs
zu geben der Geliebten.

Der wievielte Teil des Herzens des Dichters gehört seiner Geliebten?

13. Das Bauernkreuz

Das älteste und zugleich umfangreichste und ausführlichste arabische Buch über das Schachspiel ist eine Handschrift mit dem Titel *Das Buch von Schachspiel; Auszüge dessen, was al-Adli, as-Suli und andere verfasst haben.* Es wurde 1141 von Abu Ishaq Ibrahim ibn al-Mubarak ibn Abu l-Mudhahhab al-Bagdadi von einem älteren Manuskript abgeschrieben, dessen Autor nicht bekannt ist. Dieser anonyme Autor wiederum hat große Teile seines Buches aus den Werken von al-Adli und as-Suli übernommen.

Obwohl dieses Manuskript in erster Linie ein Schachbuch ist, enthält es auch einige Denksportaufgaben. Eine davon, die ursprünglich aus einem Buch von as-Suli stammt, ist das Problem des Bauernkreuzes.

Auf den beiden Diagonalen eines Schachbretts stehen sechzehn Bauern. Ein Springer, der auf dem Feld g3 steht, soll mit möglichst wenigen Zügen alle Bauern schlagen. Wie viele Züge sind dazu mindestens notwendig?

14. Der fleißige Kaufmann

Einer der bedeutendsten Mathematiker des 10. Jahrhunderts scheint Abu al-Hasan Ahmad ibn Ibrahim al-Uqlidisi gewesen zu sein. Über sein Leben ist kaum etwas bekannt. Im Jahre 952 hat er in Damaskus ein Buch geschrieben, das das älteste erhaltene Werk über die indische Arithmetik in arabischer Sprache ist. Aus diesem Buch stammt auch die folgende Aufgabe:
Ein Kaufmann investiert sein Geld in einen Handel, der die Hälfte des eingesetzten Kapitals als Gewinn abwirft. Der Mann macht mit seinem nun vergrößerten Kapital ein zweites Geschäft, bei dem der Gewinn ein Drittel des Einsatzes ist. Bei einem dritten Handel setzt der Kaufmann wiederum sein ganzes Geld ein und gewinnt ein Viertel dazu. Nach diesem Muster läuft der Handel des Mannes weiter, bis er schließlich bei seinem neunten Geschäft ein Zehntel seines Einsatzes gewinnt. Nun besitzt der Kaufmann hundert Dinar. Wie groß war sein ursprüngliches Kapital?

15. Die Vierecke des Abul Wafa

Muhammad ibn Muhammad ibn Yahya Abul Wafa al-Busadschani wurde 940 in Busadschan im heutigen Iran geboren. Mit neunzehn Jahren wanderte er in den Irak aus. Er arbeitete am Observatorium von Sharaf al-Daula, wo er einen steinernen Sextanten zur Sternbeobachtung von achtzehn Metern Länge baute. Abul Wafa übersetzte und kommentierte die Bücher der

griechischen Mathematiker Euklid und Diophantos. Er entdeckte und bewies zahlreiche Sätze der ebenen und sphärischen Geometrie. Bekannt ist er heutzutage vor allem, weil er der erste Mathematiker war, der die Tangensfunktion benutzte, und weil er Tabellen für den Sinus und den Tangens in Viertelgradschritten mit einer Genauigkeit von acht Dezimalstellen berechnete. Abul Wafa starb 997 oder 998 in Bagdad.
Zur Unterhaltungsmathematik hat Abul Wafa unter anderem ein hübsches Zerlegungsproblem beigetragen.
Drei gleiche Quadrate sollen so zerschnitten werden, dass man anschließend alle Stücke zu einem größeren Quadrat zusammenfügen kann. Abul Wafa fand eine Lösung, bei der die drei Quadrate in insgesamt neun Teile zerlegt werden mussten. Wie sieht diese genau aus, und lässt sich eine alternative Lösung mit noch weniger Teilen finden?

16. Der fromme Mann

Abul Wafa hat auch arithmetische Denksportaufgaben entworfen.
Ein frommer Mann bittet Gott: «Gib mir so viel, wie ich habe, und ich spende den Armen 10 Dirham.» Sein Wunsch wird erfüllt, und einige Zeit später bittet er Gott erneut: «Gib mir so viel, wie ich habe, und ich spende den Armen 10 Dirham.» Auch diesmal geht sein Wunsch in Erfüllung, und er wiederholt seine Bitte und sein Versprechen noch einmal. Sie wird zum dritten Mal erfüllt, und der Mann spendet auch wieder den Armen. Als er schließlich seine Bitte und sein Versprechen zum vierten Mal

äußert und sie wiederum erfüllt wird und er sein Almosen gegeben hat, besitzt er gar nichts mehr.
Wie viel Geld besaß der Mann, bevor er seine erste Bitte vortrug?

17. Ein zweiter frommer Mann

Abul Wafa hat eine etwas komplizierte Variante des vorherigen Problems verfasst.
Ein frommer Mann bittet Gott viermal nacheinander: «Gib mir so viel, wie ich habe, und ich spende den Armen.» Als sich sein Wunsch das erste Mal erfüllt, spendet er 10 Dirham, beim zweiten Mal 30, beim dritten 70 und beim vierten 20 Dirham. Anschließend besitzt er gar nichts mehr.
Wie viel Geld hat der Mann vor seiner ersten Bitte besessen?

18. Die magische Konstante magischer Quadrate

Magische Quadrate gibt es nicht nur mit 3×3 Feldern wie bei dem Buduh-Quadrat aus Aufgabe 1, sondern auch mit 4×4, 5×5, 6×6 usw. Feldern. Allgemein bezeichnet ein $n \times n$-felddiges magisches Quadrat als magisches Quadrat n-ter Ordnung. In seinen Feldern stehen die Zahlen von 1 bis n^2. Die Summe der Zahlen in den n Zeilen, den n Spalten und den beiden Diagonalen ist immer gleich und wird magische Konstante des Quadrats genannt.

Im 10. Jahrhundert trat in Basra am Persischen Golf eine von der islamischen Geistlichkeit hart bekämpfte Sekte hervor, die sich Ikhwan as-Safa, die Lauteren Brüder, nannte. Sie veröffentlichte als eine Art Enzyklopädie zweiundfünfzig Abhandlungen über Religion, Philosophie, Mathematik und Naturwissenschaft, in denen islamisches und hellenistisches Gedankengut vereint war. In einer ihrer Schriften gaben die Ikhwan as-Safa Beispiele für magische Quadrate der Ordnungen 3, 4, 5 und 6 an. Außerdem berechneten sie die magische Konstante für Quadrate der Ordnungen 7, 8 und 9, ohne jedoch magischen Quadrate dieser Ordnungen anzugeben. Vermutlich war es ihnen nicht gelungen, solche zu finden.
Welchen Wert hat die magische Konstante eines magischen Quadrats n-ter Ordnung?

19. Flächen aus Zahlen

Abu Abdallah Muhammad ibn Ahmed ibn Yusuf al-Khwarizmi schrieb in den Jahren von 975 bis 997 eine Enzyklopädie mit dem Titel *Der Schlüssel der Wissenschaften*. Sie enthielt Kapitel über Rechtswissenschaften, Philosophie, Grammatik, Prosodie, Poesie, Geschichte, Logik, Medizin, Mathematik, Astronomie, Musik, Mechanik und Alchimie. Das vierte Kapitel des zweiten Buches dieser Enzyklopädie trägt die Überschrift «Über die Arithmetik» und enthält einen Abschnitt über die figurierten Zahlen. Diese Zahlen waren schon den griechischen Mathematikern der Antike bekannt und wurden von den Arabern übernommen und erweitert.

Die erste Art der figurierten Zahlen sind die Polygonal- oder Flächenzahlen. Sie entstehen dadurch, dass man auf die Ecken eines regelmäßigen Vielecks Punkte setzt. Dann verlängert man zwei an einer Ecke zusammenstoßende Seiten des Vielecks auf das Doppelte, Dreifache, Vierfache usw. und ergänzt diese zwei Seiten anschließend zu einem vollständigen Vieleck. Auf die Ecken setzt man Punkte und ebenso auf die Seiten, sodass sie dadurch in Abschnitte geteilt werden, die gerade so groß sind wie die ursprünglichen Seiten. Auf die Seiten von doppelter Länge kommt also jeweils ein Punkt, auf die von dreifacher Länge kommen zwei Punkte usw. Die Gesamtzahl aller Punkte bei der allmählichen Erweiterung der Figur ergibt die Polygonalzahlen.
Die einfachsten Polygonalzahlen sind die Dreiecks- oder Trigonalzahlen. Sie haben die Werte 1, 3, 6, 10, 15, 21, 28, …

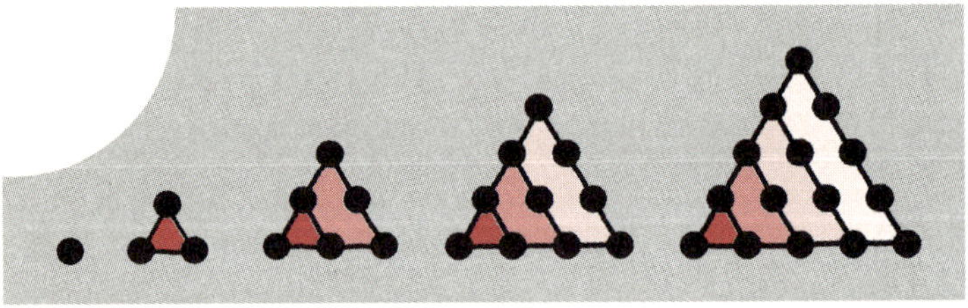

Die nächsten Flächenzahlen sind die Quadrat- oder Tetragonalzahlen 1, 4, 9, 16, 25, 36, 49, …

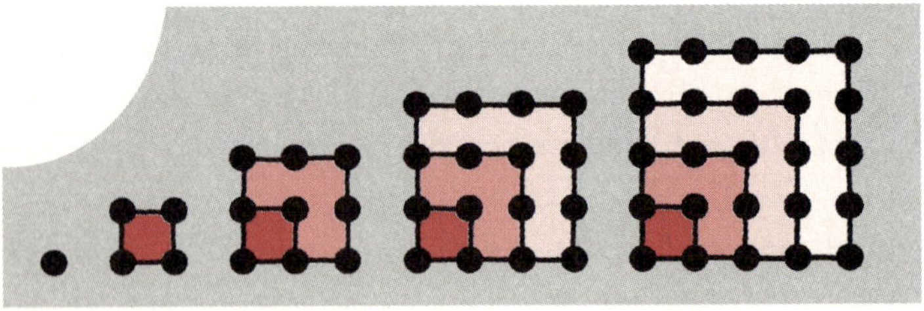

Die Fünfecks- oder Pentagonalzahlen lauten 1, 5, 12, 22, 35, 51, 70, …

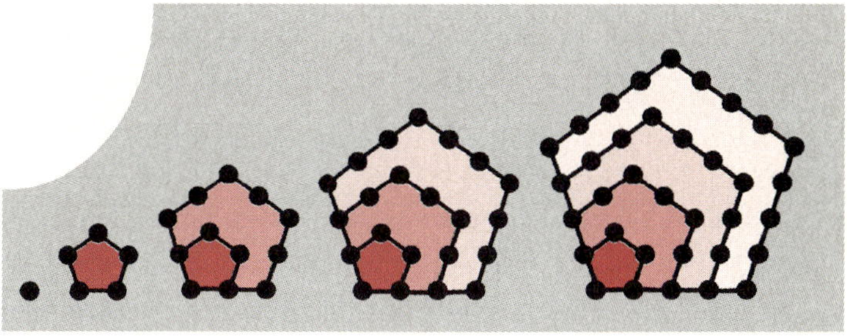

Entwickeln Sie Gleichungen, mit denen sich die *m*-ten Elemente der Dreieckszahlen, der Quadratzahlen und der Fünfeckszahlen berechnen lassen.

20. Die geschwänzten Zahlen

In der Enzyklopädie von Abu Abdallah Muhammad ibn Ahmed ibn Yusuf al-Khwarizmi findet man auch einen Absatz über die Pyramidenzahlen.
Ersetzt man in den Figuren der Dreieckszahlen die Punkte durch Kugeln und stapelt sie dann der Größe nach aufeinander, so erhält man Kugelpyramiden mit dreieckiger Grundfläche, auch Kugeltetraeder genannt. Die Anzahl der Kugeln dieser Pyramiden nennt man Tetraederzahlen oder trigonale Pyramidenzahlen. Sie haben die Werte 1, 4, 10, 20, 35, 56, 84, …
Das gleiche Verfahren lässt sich auch auf die Quadratzahlen, die Fünfeckszahlen oder allgemein die *n*-gonalen Zahlen anwenden.

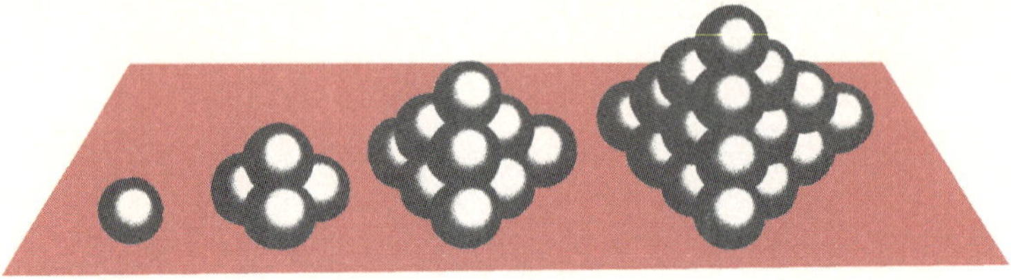

Man erhält dadurch die quadratischen Pyramidenzahlen 1, 5, 14, 30, 55, 91, 140, ..., die pentagonalen Pyramidenzahlen 1, 6, 18, 40, 75, 126, 196, ... oder *n*-gonalen Pyramidenzahlen. Die arabischen Mathematiker haben die Pyramidenzahlen als geschwänzte Zahlen bezeichnet.

Entwickeln Sie Gleichungen, mit denen sich die *m*-ten Elemente der trigonalen, quadratischen und pentagonalen Pyramidenzahlen berechnen lassen.

21. Die Zisterne

Abu Bakr Muhammad ibn al-Hasan al-Hasib al-Karadschi wirkte Ende des 10. bis Anfang des 11. Jahrhunderts in Bagdad. Er war in erster Linie Mathematiker, aber es ist von ihm auch eine Schrift physikalisch-geologischen Inhalts erhalten geblieben. Al-Karadschi widmete sich vor allem der griechischen Mathematik und räumte der indischen nur wenig Platz ein. Seine Schriften enthalten zahlreiche Aufgaben aus der Unterhaltungsmathematik.
In seinem Buch *Über die Algebra*, das er dem Wesir Fakhr al-Mulk gewidmet hat, findet man die noch heute sehr bekannte Zisternenaufgabe.
Eine Zisterne hat drei Zuflussrohre. Läuft nur Wasser aus dem ersten Rohr, so dauert es einen Tag, bis sie gefüllt ist. Wird sie nur mit dem zweiten Rohr versorgt, dauert es zwei Tage, bis die Zisterne voll ist, und allein mit dem dritten Rohr drei Tage. Nach welcher Zeit ist die Zisterne gefüllt, wenn Wasser aus allen drei Rohren läuft?

22. Der Silbermünzenschatz

Im dritten Buch seines Werks *Über die Algebra* stellte al-Karadschi seinen Lesern ein Problem aus der Unterhaltungsmathematik vor, das später auch im Abendland in den Büchern von Leonardo von Pisa und Geronimo Cardano auftaucht.
Drei Brüder erben einen Schatz von Silbermünzen, von denen

der Älteste die Hälfte, der Mittlere ein Drittel und der Jüngste ein Sechstel bekommen soll. Doch als sie das Geld vor sich liegen sehen, greift sich jeder aufs Geratewohl, was er bekommen kann. Später besinnen sie sich, und der Älteste gibt die Hälfte, der Mittlere ein Drittel und der Jüngste ein Sechstel seiner Münzen in einen gemeinsamen Fonds. Anschließend teilen sie diesen Fonds gleichmäßig unter sich auf. Dadurch hat schließlich jeder insgesamt genau den Anteil an dem Silbermünzenschatz erhalten, der ihm zusteht.
Aus wie vielen Münzen besteht der Schatz?

23. Der faule Arbeiter

Auch diese Aufgabe ist al-Karadschis Werk *Über die Algebra* entnommen:
Ein Arbeiter bekommt zehn Dirham im Monat, wenn er arbeitet. Ist er faul und arbeitet nicht, muss er sechs Dirham pro Monat bezahlen. Am Ende des Monats erhält er keinen Lohn, muss aber auch nichts bezahlen. Wie viele Tage hat er gearbeitet, wenn der Monat dreißig Tage hat?

24. Mein und Dein

In einem anderen Buch, das den Titel *Genügendes über Arithmetik* trägt, stellt al-Karadschi seinen Lesern eine Aufgabe über die Ersparnisse von vier Männern.

Vier Männer vergleichen ihre Ersparnisse. Da sagt der erste Mann zum zweiten: «Wenn du mir einen Dirham geben würdest, dann hätte ich doppelt so viel Geld wie du.» Darauf wendet sich der zweite Mann an den dritten und sagt: «Wenn du mir zwei Dirham geben würdest, dann hätte ich dreimal so viel Geld wie du.» Nun sagt der dritte Mann zum vierten: «Wenn du mir drei Dirham geben würdest, dann hätte ich viermal so viel Geld wie du.» Schließlich sagt der vierte Mann zum ersten: «Wenn du mir vier Dirham geben würdest, dann hätte ich fünfmal so viel Geld wie du.»
Wie viel Geld hat jeder der vier Männer?

25. Das Schilfrohr im Wind

In al-Karadschis Arithmetikbuch findet man auch eine geometrische Denksportaufgabe.
In einem See wächst ein Schilfrohr. Er ragt fünf Ellen über die Wasseroberfläche hinaus. Als ein Wind aufkommt, knickt er das Rohr an der Wurzel und treibt es so weit zur Seite, dass es vollständig im Wasser verschwindet. Seine Spitze liegt nun gerade in Höhe des Wasserspiegels und ist zehn Ellen von der Stelle entfernt, an der das Rohr vorher aus dem Wasser trat. Das Schilfrohr wird dabei aber nicht aus dem Seeboden entwurzelt. Wie lang ist das Rohr?

26. Der Kampf um den Fisch

Auch die folgende Geometrieaufgabe stammt aus al-Karadschis Buch *Genügendes über die Arithmetik*.
An den beiden Ufern eines fünfzig Ellen breiten Flusses stehen sich zwei Palmen genau gegenüber. Die eine ist zwanzig und die andere dreißig Ellen hoch. Von den Spitzen der Palmen stürzen sich zwei Vögel geradlinig auf einen Fisch, der zwischen den beiden Palmen seinen Kopf aus dem Wasser streckt. Die Wege der beiden Vögel sind gleich lang. Wie weit ist der Fisch von den Palmen entfernt?

27. Der Pferdehandel

Aufgaben über den gemeinsamen Kauf eines wertvollen Gutes findet man bei vielen arabischen Autoren. Das folgende Problem

hat al-Karadschi in seiner Schrift *Genügendes über die Arithmetik* gestellt.
Drei Männer wollen ein Pferd kaufen, das hundert Dirham kostet, aber keiner hat genügend Geld dafür. Da sagt der erste Mann zu den beiden anderen: «Gebt mir ein Drittel von dem, was ihr besitzt, dann habe ich die hundert Dirham.» Hierauf sagt der zweite Mann: «Wenn ihr mir ein Viertel von dem gebt, was ihr besitzt, dann habe ich die hundert Dirham.» Schließlich sagt der dritte Mann: «Ich werde die hundert Dirham haben, wenn ihr mir ein Fünftel eures Geldes gebt.» Wie viel Geld hat jeder der drei Männer?

28. Der Wert des Rings

Auch diese Aufgabe hat al-Karadschi in seinem Arithmetikbuch den Lesern gestellt.
Ein Tagelöhner hat mit seinen Dienstherrn ausgehandelt, dass er für einen Monat Arbeit 35 Dirham und einen Ring bekommen soll. Doch er arbeitet nur drei Tage und erhält dafür den Ring. Welchen Wert hat der Ring, wenn der Monat dreißig Tage hat?

29. Das vererbte Schwert

Erbaufgaben tauchen sehr häufig in arabischen Mathematikbüchern auf. Die folgende Problemstellung stammt von al-Karadschi.

Ein Mann stirbt und hinterlässt seine Mutter, eine Gattin, einen Sohn und eine Tochter. Er vermacht seinen vier Erben zehn Dinar und ein Schwert. Die Mutter erbt ein Sechstel und die Gattin ein Achtel des Nachlasses. Den Rest bekommen der Sohn und die Tochter, wobei der Anteil des Sohnes nach dem islamischen Erbrecht doppelt so groß ist wie der der Tochter. Der Sohn erhält einen Dinar und das Schwert. Welchen Wert hat das Schwert?

30. Die Grundstücksteilung

Das letzte Problem von al-Karadschi ist wieder geometrischer Natur.

Ein rechteckiges Grundstück von zwanzig Bab* Länge und zehn Bab Breite soll so unter drei Personen aufgeteilt werden, dass alle ein rechteckiges Stück Land bekommen und die Flächen dieser drei Stücke im Verhältnis $\frac{1}{2} : \frac{1}{3} : \frac{1}{4}$ stehen. Außerdem soll ein Weg von 2 Bab Breite zwischen den beiden kurzen Seiten des ersten und des dritten Stücks verlaufen, der auf eine der langen Seiten des zweiten Stücks stößt.

Welche Flächeninhalte haben die drei Teile des Grundstücks?

* Ein Bab entspricht ungefähr zwei Metern.

31. Die Hände voller Geld

Abu Mansur Abd al-Qahir ibn Tahir ibn Muhammad al-Bagdadi war Historiker, Philosoph, Theologe, Jurist und Mathematiker, aber auch als Dichter machte er sich einen Namen. Er lebte längere Zeit in Nisapur in Khorasan, dem heutigen Nordosten des Irans, und hielt dort Vorlesungen über verschiedene Wissenschaften. Er starb 1037 in Isfarain in Khorasan. Abu Mansur stellte in seinem *Buch der Vollendung im Rechnen* ein einfaches Zahlenratespiel vor.
Bei diesem Spiel bittet man jemanden, in die eine Hand einige Dinare und in die andere einige Dirham zu nehmen, ohne dass man es selbst sieht. Dann sagt man: «Nenne mir die Gesamtzahl der Münzen und außerdem auch die Summe aus dem Dreifachen der Dinarezahl und dem Doppelten der Dirhamzahl.»
Wie kann man aus diesen beiden Zahlen die Anzahl der Dinare und der Dirham ermitteln?

32. Zahlenraten

Ein anderes Zahlenratespiel aus Abu Mansurs *Buch der Vollendung im Rechnen* ist weniger leicht zu durchschauen.
Man bittet jemanden, sich eine Zahl auszudenken, aber ohne sie einem zu verraten, und dann die Hälfte der Zahl dazuzuzählen. Sollte dies nicht glatt aufgehen, so soll der Spielpartner das Ergebnis auf die nächste ganze Zahl aufrunden und dann noch die

Merkzahl 1 im Kopf behalten. Wenn nicht aufgerundet werden muss, gibt es auch keine Merkzahl.
Nun soll der Spieler das erhaltene Ergebnis noch einmal um die Hälfte vergrößern. Auch diesmal soll er aufrunden, wenn das Ergebnis nicht ganzzahlig ist, und dann die Merkzahl um 2 vergrößern. Wenn nicht aufgerundet werden muss, ändert sich auch die Merkzahl nicht. Anschließend wird das Ergebnis durch 9 geteilt, dann der ganzzahlige Teil vervierfacht und um die Merkzahl vergrößert. Das Ergebnis ist die ursprüngliche Zahl.
Warum?

33. Halbieren und Verdoppeln

Ein drittes Zahlenratespiel von Abu Mansur ist schon recht komplex.
Man bittet jemanden, sich eine Zahl auszudenken und in die rechte Hand ein Steinchen zu nehmen. Dann sagt man zu ihm: «Verdopple die Anzahl der Steinchen in deiner rechten Hand und halbiere gleichzeitig die gedachte Zahl. Sollte bei der Halbierung ein Rest übrig bleiben, so lass ihn fort, nimm aber dafür in deine linke Hand halb so viele Steine, wie du in deiner rechten Hand hast. Bleibt kein Rest übrig, so kommen auch keine Steine in deine linke Hand.» Wenn der Spieler dies gemacht hat, sagt man erneut zu ihm: «Verdopple die Anzahl der Steinchen in deiner rechten Hand und halbiere gleichzeitig, was von deiner gedachten Zahl noch übrig ist. Sollte bei der Halbierung ein Rest bleiben, so lass ihn fort, nimm aber dafür in deine linke Hand zusätzlich noch halb so viele Steine, wie du in deiner rechten

Hand hast. Bleibt kein Rest übrig, so kommen auch keine weiteren Steine in deine linke Hand.» Diesen Vorgang lässt man den Spieler so lange wiederholen, bis von der gedachten Zahl nichts mehr übrig ist. Wie viele Steinchen sind nun in dessen linker Hand?

34. Zahlenreste

Auch das folgende Zahlenratespiel stammt von Abu Mansur. Man bittet jemanden, eine ganze Zahl auszuwählen, die kleiner ist als 105, aber sie nicht zu verraten. Dann sagt man: «Teile deine Zahl durch 5 und nenne mir den Divisionsrest.» Anschließend sagt man: «Teile deine Zahl durch 7 und nenne mir wieder den Divisionsrest.» Schließlich sagt man ein drittes Mal: «Teile deine Zahl durch 3 und nenne mir den Divisionsrest.» Danach zählt man den 21fachen ersten Rest, den 15fachen zweiten Rest und den 70fachen dritten Rest zusammen und teilt die Summe durch 105. Der Divisionsrest ist die Zahl, die sich der Mitspieler ausgedacht hat. Warum?

35. Die Mathematik des Weintrinkens

Der Genuss von Alkohol ist gläubigen Muslimen nicht gestattet. Im 8. Jahrhundert stellten der Rechtsgelehrte Abu Hanifa und seine Schüler aber fest, dass das Trinken von Wein jedoch dann erlaubt sei, wenn der Most vorher gekocht und anschließend auf

ein Drittel seines Ausgangsvolumens eingedickt wird. Der Mathematiker Abu Mansur versuchte, die Gesetzeslücke in eine mathematische Regel zu fassen.
Er schrieb, dass vor dem Vergären des Mosts zwei Schritte gemacht werden müssen. Die Ausgangsmenge von Weinmost wird gekocht. Dabei verdampft ein Teil des Mosts, sodass danach eine Zwischenmenge übrig bleibt, die geringer ist als die Ausgangsmenge. Anschließend wird der Most auf die Endmenge eingedickt, die genau ein Drittel der Ausgangsmenge beträgt. Wie groß bei diesem Verfahren die Zwischenmenge ist, spielt keine Rolle.

Nun ist aber auch ein anderes Verfahren möglich. Die Ausgangsmenge an Most wird gekocht. Dabei verdampft ein Teil, und ein Teil wird als Schaum abgeschöpft. Die dabei entstehende Zwischenmenge ist kleiner als beim ersten Verfahren. Anschließend wird die Zwischenmenge auf die Endmenge eingedickt.
Abu Mansur legte nun fest, dass beim zweiten Verfahren das Verhältnis von End- zu Zwischenmenge genau so groß sein muss wie beim ersten Verfahren. Dann stellte er folgende Aufgabe:

Wenn während des Kochens sechs Ledereimer Most verdampfen und vier Ledereimer als Schaum abgeschöpft werden und schließlich nach dem Eindicken $8\frac{1}{3}$ Ledereimer Most zum Vergären zu Wein übrig bleiben, wie groß war dann die Ausgangsmenge?

36. Eine Zahlenspielerei

Abu Ali al-Hasan ibn al-Hasan ibn al-Haitham, der im Abendland auch unter dem Namen Alhazen bekannt ist, wurde um 965 in Basra am Persischen Golf geboren. Dort bekleidete er ein höheres Amt, das er jedoch wegen einer Geistesstörung abgeben musste. Nach seiner Heilung zog er nach Kairo, um – einer Überlieferung zufolge – für den Kalifen al-Hakim den Nil zu regulieren. Dies gelang ihm jedoch nicht, und so verdiente er sich seinen Lebensunterhalt durch das Abschreiben von mathematischen und anderen Schriften. Er starb um 1041 in Kairo. Ibn al-Haitham war ein Mathematiker, Astronom und Physiker ersten Ranges.

Einige Probleme, die er löste, können auch der Unterhaltungsmathematik zugerechnet werden. In seiner Schrift *Über die Lösung einer Zahlenfrage* untersucht er ein Teilbarkeitsproblem, das man auch heute noch in vielen Büchern findet.

Welche durch 7 teilbaren Zahlen ergeben, wenn man sie durch 2, 3, 4, 5 und 6 teilt, jeweils den Rest 1?

37. Ein Punkt im Dreieck

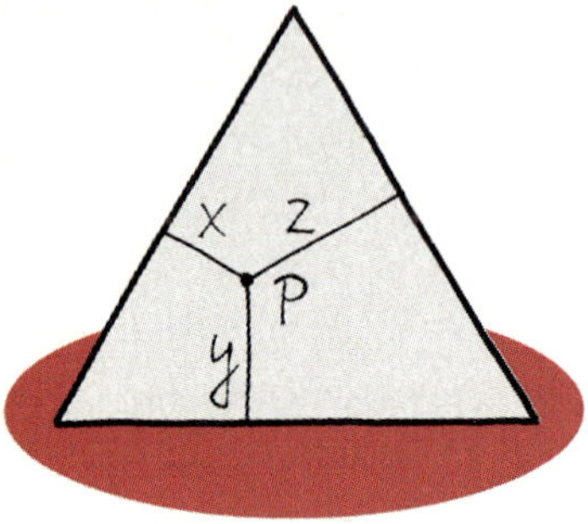

In seinem Manuskript *Über die Eigenschaften des Dreiecks hinsichtlich des Lotes* löste Ibn al-Haitham ein geometrisches Problem, von dem man bis Mitte des 20. Jahrhunderts geglaubt hatte, dass dies erstmals dem holländischen Mathematiker Frans van Schooten (1616–1660) gelungen wäre.

Für welchen Punkt P im Inneren eines gleichseitigen Dreiecks ist die Summe $x + y + z$ der Abstände zu den drei Seiten am kleinsten? Wie groß ist die kleinste Abstandssumme, wenn das Dreieck die Seitenlänge a hat?

38. Die Getreideernte

Auch das folgende Problem stammt von Ibn al-Haitham.

Vom gesamten Getreide eines Jahres, das drei Männer angebaut haben, hat der erste einen Anteil von $\frac{1}{3} + \frac{1}{8}$ geerntet und der zweite von $\frac{1}{4} + \frac{1}{5}$. Der Rest von 5 Kurr* wurde vom dritten Mann geerntet. Wie viel Kurr Getreide wurde insgesamt geerntet?

* Ein Kurr entspricht etwa drei Kilogramm.

39. Der geknickte Stab

Muhammad ibn Ahmad al-Biruni Abu r-Raihan war ein Mann von umfassender Bildung mit Kenntnissen der Philosophie, Mathematik, Chronologie, Geschichte und Medizin. Er wurde 973 in Khwarasm im heutigen Usbekistan geboren und arbeitete lange Zeit für den Herrscher dieses Landes. Er unternahm mit ihm Feldzüge nach Indien und erwarb dabei große Kenntnisse des Landes, die er in seinem Buch *Chronik von Indien* veröffentlichte. Al-Biruni starb 1048 im heutigen Afghanistan. In einem seiner Bücher geht er an ein Problem der Unterhaltungsmathematik heran, das die Chinesen schon Jahrhunderte vorher gekannt hatten und das auch heute noch in vielen Rätselbüchern in Europa und Amerika zu finden ist.
Ein senkrecht stehender Holzstab, der eine Länge l hat, wird geknickt. Die Spitze des Stabs berührt nun den Boden an einer Stelle, die vom Fußpunkt des Stabs einen Abstand a hat. Wie hoch über dem Boden liegt die Knickstelle?

40. Die sieben Erben

Der Mathematiker Abu l-Hasan Ali ibn al-Hidr ibn al-Hasan al-Uthmani hat 1030–1067 in Damaskus gelebt und mehrere Bücher über die Arithmetik geschrieben. Ansonsten ist über sein Leben nicht viel bekannt. In seinem *Buch über die Grundlagen der Arithmetik und der Erbteilung* finden sich zahlreiche unterhaltsame Erbteilungsaufgaben.

Ein Mann stirbt und hinterlässt einen Sohn und fünf Töchter. In seinem Testament hat er bestimmt, dass jede seiner Töchter von seinem Geld einen halb so großen Anteil erben soll wie der Sohn. Außerdem soll noch ein Fremder ein Drittel des gesamten Geldes des Mannes erben, jedoch vermindert um den Anteil, den der Sohn bekäme, wenn der Fremde nichts erben würde. Wie groß sind die Anteile der sieben Erben?

41. Der Baum im Wasser

Abu Dschafar Muhammed ibn Ayyub at-Tabari lebt im 11. Jahrhundert. Er war Mathematiker, Astronom und Astrologe. Geboren wurde er wahrscheinlich in Amul in Tabaristan, gestorben ist er in Bagdad. Von seinen Werken sind nur persische Abschriften überliefert. Es ist aber nicht bekannt, ob er sie auch auf Persisch verfasste oder ob sie später vom Arabischen ins Persische übersetzt wurden. At-Tabari hat zahlreiche Denksportaufgaben zur Unterhaltungsmathematik beigetragen. In seinem Buch *Schlüssel der Transaktionen* findet man ein recht kurioses Baumrätsel: Die Hälfte eines Baums befindet sich im Boden, ein Drittel im Wasser, und die Quadratwurzel aus seiner gesamten Länge ragt in die Luft. Sowohl die Länge als auch ihre Quadratwurzel sind in Ellen angegeben. Wie lang ist der Baum?

42. Die Hüter des Gartens

Eine der am weitesten verbreiteten Aufgaben der Unterhaltungsmathematik ist das Gartenhüterproblem. Es war schon im alten China und im mittelalterlichen Abendland bekannt. Es findet sich auch in at-Tabaris Buch *Schlüssel der Transaktionen*.

Ein Obstgarten ist von einer vierfachen Mauer umgeben. Jede Mauer hat ein Tor, und jedes Tor wird von einem Mann bewacht. Eine Frau pflückt im Garten Orangen. Sie gibt dem Hüter des ersten Tors die Hälfte ihrer Orangen. Der Hüter des zweiten Tors bekommt die Hälfte der übrig gebliebenen Früchte. Auch der Hüter des dritten Tors erhält die Hälfte der Orangen, die die Frau dann noch zur Verfügung hat. Schließlich bekommt der Hüter des letzten Tors die Hälfte des Restes, und der Frau bleiben zuletzt noch zehn Orangen. Wie viele Orangen hat sie im Garten gepflückt?

43. Gewichtsstücke

At-Tabari beschäftigte sich in seinen Buch *Schlüssel der Transaktionen* auch mit einer Frage der Gewichtsbestimmung.
Mit einer Balkenwaage soll jedes ganzzahlige Gewicht von einem Pfund bis hin zu zehntausend Pfund gewogen werden. Als Gewichtsstücke dienen Steine, die auf beide Waagschalen gelegt werden dürfen. Wie viele Steine braucht man mindestens dafür, und welche Gewichte sollten sie haben?

44. Die Verfolgung

At-Tabari hat seinen Lesern in *Schlüssel der Transaktionen* etliche unterhaltsame Rätselaufgaben über Bewegungen gestellt. Eine davon lautet:
Ein Kurier läuft pro Tag sechs Parasangen* weit. Ein zweiter Kurier, der vier Tage später abgereist ist und neun Parasangen pro Tag zurücklegt, verfolgt den ersten Kurier. Wann holt er ihn ein?

45. Eine zweite Verfolgung

Auch diese Kurieraufgabe stammt aus at-Tabaris Buch *Schlüssel der Transaktionen.*

* Eine Parasange entspricht etwa sechs Kilometern.

Zwei Kuriere, die dasselbe Ziel haben, laufen gleichzeitig los. Der erste läuft jeden Tag dreißig Parasangen weit. Der zweite Kurier legt am ersten Tag eine Parasange zurück, am zweiten zwei Parasangen, am dritten drei usw. Wann treffen sich die beiden Kuriere?

46. Die Begegnung

Hier ein weiteres Bewegungsrätsel von at-Tabari:
Ein Bote reitet von einer östlichen Stadt in eine westliche in fünf Tagen. Ein zweiter Bote reitet von ebendieser westlichen Stadt in die östliche und braucht dafür sieben Tage. Wann treffen sich die beiden Boten, wenn sie gleichzeitig losgeritten sind?

47. Der unentschlossene Bote

Auch dieses letzte Botenrätsel stammt von at-Tabari.
Ein Bote wird in eine zweiundvierzig Parasangen entfernte Stadt geschickt. Er läuft am ersten Tag seiner Reise achtzehn Parasangen weit und am nächsten Tag wieder zwölf Parasangen zurück. Am dritten Tag läuft er wieder achtzehn Parasangen vor und am vierten zwölf zurück. So geht es immer abwechselnd weiter: An einem Tag läuft er achtzehn Parasangen vor, am nächsten zwölf Parasangen zurück. Wann erreicht er sein Ziel?

48. Der Brunnenbau

At-Tabari stellt in seinem Buch *Schlüssel der Transaktionen* auch eine interessante Rätselaufgabe über das Graben eines Brunnens. Ein Arbeiter soll einen fünfzehn Ellen tiefen Brunnen graben und dafür einen Lohn von dreißig Dirham erhalten. In zehn Ellen Tiefe stößt er auf Wasser und gräbt darum nicht weiter. Welcher Lohn steht dem Arbeiter zu?
At-Tabari meint, dass die eigentliche Arbeit beim Brunnengraben das Hochbefördern der Erde sei. Beim Graben der ersten Elle Tiefe muss die Erde eine Elle hoch gehoben werden, bei der zweiten Elle sind es zwei Ellen Höhe, bei der dritten drei, und so geht es weiter. Bei der letzten Elle am Grund des Brunnen muss die Erde schließlich fünfzehn Ellen hochgehoben werden. Darum sollte der Lohn sich danach richten, wie viel Erde wie hoch befördert wurde.

49. Seltsame Verwandtschaft

Der Mathematiker Abu Yaqub Ishaq ibn Yusuf as-Sardafi al-Jamani stammte aus dem Jemen und schrieb ein Buch mit dem Titel *Abriss der indischen Rechenkunst.* Er starb um 1105. As-Sardafi hat auch ein hübsches Verwandtschaftsrätsel veröffentlicht:
Ist es möglich, dass ein Mann ein Onkel mütterlicherseits eines zweiten Mannes ist und dass auch dieser zweite Mann ein Onkel mütterlicherseits des ersten Mannes ist?

50. Badepreise nach Glaubensbekenntnis

Abu Abdallah Ahmad ibn al-Husain asch-Schaqqaq war ein Mathematiker, über den nichts weiter bekannt ist, als dass er 1117 in Bagdad starb. In einem seiner Werke findet sich eine Aufgabe, die auch etwas über das Verhältnis von Islam, Christentum und Judentum in der damaligen arabischen Welt aussagt:
Der Eintrittspreis in einem öffentlichen Bad richtet sich nach dem Glaubensbekenntnis. Muslime zahlen einen halben Dirham, Christen zwei Dirham und Juden drei Dirham. Wenn im Laufe eines Tages dreißig Gäste in dem Bad waren und insgesamt dreißig Dirham an Eintritt zahlten, wie viele davon waren Muslime, wie viele Christen und wie viele Juden?

51. Anglerlatein

Muhammed ibn Abdallah ibn Ayyas Abu Zakariya el-Hassar war ein im 12. Jahrhundert im heutigen Spanien lebender westarabischer Gelehrter. Über sein Leben ist praktisch nichts bekannt. In einem seiner Bücher, das keinen Titel trägt und mit den Worten beginnt: «Im Namen Gottes des Barmherzigen und Gnädigen, mein Herr, erleichtere meine Aufgabe, oh du Gütiger!», stellt el-Hassar seinen Lesern ein Fischrätsel:
Bei einem Fisch wiegt der Kopf ein Drittel und der Schwanz ein Viertel seines Gewichts, und das Mittelstück wiegt zehn Pfund. Wie schwer ist der Fisch?

52. Das Vermögen

Bei einer anderen Denksportaufgabe von Abu Zakariya el-Hassar soll die Größe eines Vermögens ermittelt werden.
Addiert man zum einen den dritten und den fünften Teil eines Vermögens und subtrahiert man zum anderen von dem Vermögen seinen dritten und seinen fünften Teil, und nimmt man anschließend ein Viertel der berechneten Summe und die Hälfte der berechneten Differenz, so erhält man 11 Dirham. Wie groß ist das Vermögen?

53. Der große Rösselsprung

In dem Werk *Das Buch vom Schachspiel; Auszüge dessen, was al-Adli, as-Suli und andere verfasst haben* eines anonymen Verfassers, das nur aus einer Abschrift aus dem Jahre 1141 bekannt ist und aus dem schon die Aufgabe 13 mit dem Bauernkreuz stammt, müssen auch einige Rösselsprungprobleme gelöst werden.
Ein Springer steht auf einem Eckfeld eines Schachbretts. Er soll mit 64 Zügen einmal jedes Feld des Bretts besuchen und zum Schluss wieder zu seinem Ausgangsfeld gelangen. Ist das möglich?

54. Der Geldwechsler

Abraham ben Ezra, auch Abraham ben Meir oder Abraham ibn Ezra genannt, war ein jüdische Philosoph und Astrologe, der im arabischen Spanien lebte. Er wurde um 1090 in Toledo geboren

und starb um 1167 in Alahorra. In seinem *Buch der Zahl* finden sich auch Probleme der Unterhaltungsmathematik.
Ein Geldwechsler hat drei verschiedene Münzarten. Möchte man bei ihm einen Gulden wechseln, so bekommt man dafür entweder drei Dutzend Münzen von der ersten Sorte oder vier Dutzend Münzen von der zweiten Sorte oder sechs Dutzend Münzen von der dritten Sorte. Ein Mann gibt dem Geldwechsler einen Gulden und bittet ihn, ihm dafür von allen drei Münzsorten gleich viele Geldstücke zu geben. Wie viele Münzen bekommt der Mann von jeder Sorte?

55. Der Lohn der Arbeit

Auch das folgende Problem stammt aus Abraham ben Ezras *Buch der Zahl*.
Simon soll siebzehn Tage lang arbeiten und dafür elf Paschute bekommen. Er arbeitet jedoch nur neun Tage. Wie viel Paschute Lohn stehen ihm zu?

56. Seid gegrüßt!

Bei Abraham ben Ezra findet man auch eine Aufgabe von dem in der Unterhaltungsmathematik sehr häufig auftauchenden Seid-gegrüßt-Typ.
Ein Mann geht an eine Gruppe von Männern vorüber und sagt zu ihnen: «Seid gegrüßt, ihr hundert Mann!» Darauf erwidern

sie ihm: «Wir sind nicht hundert, sondern wir und noch ebenso viele und die Hälfte und ein Viertel von uns würden mit dir zusammen erst hundert sein.» Aus wie vielen Männern besteht die Gruppe?

57. Schüler und Taugenichtse

Das Buch *Kunstgriff*, das aus dem arabischen Spanien stammt, wird Abraham ben Ezra zugeschrieben. Allerdings ist seine Urheberschaft keineswegs gesichert. In diesem Buch findet man ein Problem, das in vielen Varianten und über viele Jahrhunderte im Morgen- und im Abendland immer wieder auftaucht. In der westlichen Welt ist es unter dem Namen «Josephusspiel» bekannt.

Eines Tages fuhr Abraham ibn Ezra mit fünfzehn seiner Schüler und fünfzehn Taugenichtsen übers Meer, als sich ein gewaltiger Sturm erhob. Das Schiff war so stark gefährdet, dass der Schiffer es für notwendig erklärte, fünfzehn Passagiere ins Meer zu werfen. Ibn Ezra ging sofort auf den Vorschlag ein und meinte, es sei besser, die Hälfte sterbe, als dass das Schiff mit allen Menschen versinke. Er schlug deshalb vor, das Los entscheiden zu lassen. Die fünfzehn Schüler und fünfzehn Taugenichtse sollten sich im Kreis aufstellten. Dann müsse im Kreis herum abgezählt werden, wobei jeder Neunte ins Meer geworfen werden solle, bis das Schiff um fünfzehn Personen erleichtert sei.

Der Vorschlag wurde angenommen, und Abraham ibn Ezra stellte die Schüler und Taugenichtse so im Kreis auf, dass kein Schüler ins Meer geworfen wurde. Wie sah die Aufstellung aus?

58. Panmagische Quadrate

Abu l-Abbas Ahmed ibn Ali ibn Yusuf al-Buni war ein in Nordafrika lebender Magier. Er starb 1225 in Kairo. Über den Inhalt seiner zahlreichen Schriften hinaus ist über sein Leben nichts bekannt.

Al-Buni war der erste Araber, von dem man mit Sicherheit weiß, dass er magische Quadrate jeder beliebigen Ordnung herstellen konnte. Allerdings ging es ihm dabei weniger um die Mathematik als um ihren Einsatz als Talismane zur Abwehr von Giften, Vertreibung von Ungeziefer, Stärkung des Gedächtnisses, Vermehrung des Geldes, Förderung der Empfängnis, Erleichterung der Geburt, Befreiung von Gefangenen, Sieg über Feinde, Heilung von Krankheiten, Verstehen der Geistersprache sowie Regen- und Liebeszauber.

Eines der von al-Buni in seinem Buch *Die Perlenschnur über die Wissenschaft der magischen Quadrate und der Astrologie* veröffentlichten magischen Quadrate vierter Ordnung hat folgende Form:

8	11	14	1
13	2	7	12
3	16	9	6
10	5	4	15

Es ist panmagisch. Das heißt, man darf eine, zwei oder drei Spalten von seiner linken Seite fortnehmen und an der rechten Seite wieder anfügen und erhält dabei jedes Mal wieder ein magisches Quadrat.

Mit den Zeilen verhält es sich ähnlich. Nimmt man eine, zwei oder drei Zeilen vom oberen Rand des Quadrats fort und hängt sie wieder an den unteren Rand, entstehen jedes Mal wieder magische Quadrate. Verschiebt man sowohl Spalten als auch Zeilen, so lassen sich aus

11	14	1	8
2	7	12	13
16	9	6	3
5	4	15	10

14	1	8	11
7	12	13	2
9	6	3	16
4	15	10	5

1	8	11	14
12	13	2	7
6	3	16	9
15	10	5	4

einem einzigen panmagischen Quadrat noch fünfzehn weitere panmagische Quadrate erzeugen. Natürlich kann man jedes dieser sechzehn panmagischen Quadrate noch einmal verachtfachen, indem man es um 90, 180 und 270 Grad dreht und dann die vier Varianten spiegelt. Diese sollen aber nicht als verschieden gelten.

In der Enzyklopädie der Ikhwan as-Safa findet man ein weiteres panmagisches Quadrat, das sich nicht aus dem von al-Buni erzeugen lässt.

1	12	13	8
15	6	3	10
4	9	16	5
14	7	2	11

Es gibt noch eine dritte und letzte Grundform eines panmagischen Quadrats vierter Ordnung. Sie war den Arabern des 13. Jahrhunderts wahrscheinlich nicht bekannt, wohl aber den Indern. Finden Sie diese dritte Grundform.

59. Magische Quadrate höherer Ordnung

Im geozentrischen Weltbild der Araber des Mittelalters gab es sieben Planeten. Nach ihrer Umlaufzeit um die Erde aufsteigend geordnet waren dies der Mond, der Merkur, die Venus, die Sonne, der Mars, der Jupiter und der Saturn. Der Magier al-Buni hat diesen Planeten magische Quadrate zugeordnet, genau wie es auch später die Astrologen des Abendlands gemacht haben. Die Quadrate dienten dann als Amulette. Vermutlich hat er dabei dem langsamsten Planeten das kleinste Quadrat gegeben und den anderen dann, entsprechend ihrer Umlaufzeit, die nächstgrößeren.

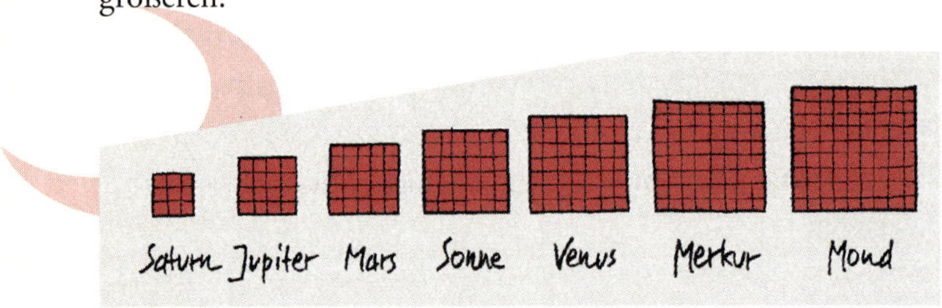

Finden Sie je ein Planetenamulett für den Mars, die Sonne, die Venus, den Merkur und den Mond.

60. Lateinische Quadrate

In seinem Buch *Die Perlenschnur über die Wissenschaft der magischen Quadrate und der Astrologie* hat al-Buni auch etliche lateinische Quadrate veröffentlicht.
Ein lateinisches Quadrat *n*-ter Ordnung ist ein Quadrat, das in $n \times n$ Felder unterteilt ist und in dem n verschiedene Buchstaben jeweils *n*-Mal vorkommen und so auf die Felder verteilt sind, dass in jeder Zeile und in jeder Spalte jeder Buchstabe einmal erscheint. In al-Bunis Buch findet man ein lateinisches Qua-

drat vierter Ordnung, bei dem in der obersten Zeile das Wort «Hafiz» steht, das «Behüter» heißt und im Arabischen mit vier verschiedenen Buchstaben geschrieben wird. Ein «Hafiz» ist ein Gelehrter, der den ganzen Koran auswendig kennt. Ersetzt man die vier arabischen Buchstaben der Einfachheit halber durch A, B, C und D, so hat al-Bunis lateinisches Quadrat folgendes Aussehen:

A	B	C	D
C	D	A	B
D	C	B	A
B	A	D	C

Finden Sie alle lateinischen Quadrate zweiter und dritter Ordnung.

61. Der Kampf der Türme

Das Buch vom Schachspiel, seinen Endspielen und Feinheiten ist nur in einer Abschrift aus dem Jahr 1257 erhalten geblieben. Sowohl der Autor des Originals als auch derjenige der Abschrift sind unbekannt. Wahrscheinlich ist das Werk keine eigenständige Arbeit, sondern nur eine Sammlung verschiedener Schriften von mehreren Autoren, die der Verfasser nur durch eigene Texte verbunden hat. Das Buch enthält auch einige Denksportaufgaben, die zwar von Schachfiguren handeln, aber keine eigentlichen Schachprobleme sind.

Auf zwei sich gegenüberliegenden Eckfeldern eines Schachbretts stehen ein schwarzer Turm und ein weißer Turm. Der Spieler des schwarzen Turms und der des weißen machen immer abwechselnd einen Zug. Ein Turm darf bei einem Zug beliebig weit in horizontaler oder in vertikaler Richtung gezogen werden, jedoch darf er dabei nicht die Zeile oder die Spalte überschreiten, in welcher der andere Turm steht. Gewonnen hat, wer den gegnerischen Turm schlägt. Der schwarze Turm macht den ersten Zug. Angenommen, beide Spieler spielen mit optimaler Strategie und keiner macht einen Fehler, gewinnt dann Schwarz oder Weiß, oder endet das Spiel unentschieden?

62. Die Schachlegende

Ahmad ibn Muhammad ibn Khallikan ist der älteste uns bekannte Autor, der die Geschichte von Sissa ibn Dahir, dem legendären Erfinder des Schachspiels, aufschrieb. Er wurde 1211 in Arbela im heutigen Nordirak geboren, war Richter in Kairo und Damaskus und starb 1282.

Der indische König Shirham hatte so große Freude am Schachspiel, dass er den Erfinder des Spiels holen ließ und zu ihm sagte: «Du hast einen Wunsch frei.» – «Majestät», antwortete Sissa ibn Dahir, «gebt mir ein Weizenkorn für das erste Feld des Schachbretts, zwei Körner für das zweite Feld, vier Körner für das dritte Feld, acht Körner für das vierte Feld und dann für jedes weitere Feld immer doppelt so viele Körner wie für das vorherige Feld.» – «Du Narr! Ist das alles, was du willst?», fragte der erstaunte König.

War Sissa ibn Dahirs Wunsch tatsächlich so bescheiden, wie der König glaubte? Wie viele Körner hätte der König ihm geben müssen?

63. Wanderungen um den See

Dschamschid ibn Masud Ghiyathaddin al-Kaschi wurde in Kaschan geboren und starb 1429 in Samarkand im heutigen Usbekistan. Er arbeitete als Mathematiker und Astronom in Samarkand und war der erste Vorsteher der Sternwarte von Ulugh Beg. Al-Kaschi beschäftigte sich auch mit medizinischen Problemen. In seinem Buch *Der Schlüssel der Arithmetik; Traktat über den Kreis* findet man auch Aufgaben der Unterhaltungsmathematik.

Zwei Männer wandern um einen See. Sie gehen gleichzeitig am selben Ort los, aber in entgegengesetzte Richtungen. Der erste Mann geht immer gleich schnell und legt jeden Tag zehn Meilen zurück. Der zweite Mann wandert am ersten Tag nur eine Meile weit, am zweiten Tag schafft er zwei Meilen, am dritten drei, am vierten vier usw. Er geht also jeden Tag eine Meile mehr als am Vortag. Als sich die beiden Männer treffen, hat der erste Mann ein Sechstel des Seeumfangs zurückgelegt. Wie viele Tage nach dem Abmarsch findet diese Begegnung statt?

64. Das Kapital

Eine andere Aufgabe aus al-Kaschis Buch handelt vom Kapital und Gewinn eines Kaufmanns.

Ein Händler kaufte einige Waren für zehn und verkaufte sie wieder für zwölf Dirham pro Stück. Sein Gewinn betrug das Dreifache der Wurzel aus dem eingesetzten Kapital. Wie groß war das Kapital?

65. Der Springertausch

Das Schachbuch *Das Buch vom Modell für die Schlacht in der Überlieferung der erstklassigen Schachspieler* wurde von einem unbekannten Autor verfasst. Das Original ist verschollen, und man kennt nur eine Abschrift aus dem Jahr 1446. Das Buch ist keineswegs eine eigenständige Arbeit, sondern eine Kompilation von Schriften aus verschiedenen Zeiten. Der anonyme Verfasser verrät jedoch nur zum Teil seine Quellen.

Obwohl sich das Buch in erster Linie mit dem Schachspiel befasst, enthält es auch eine ganze Reihe von Denksportaufgaben, die von Schachbrettern oder Schachfiguren handeln.
Auf einem 3×3-feldigen Schachbrett stehen auf den oberen Eckfeldern zwei schwarze und auf den unteren Eckfeldern zwei weiße Springer. Nun sollen mit möglichst wenigen Schritten die schwarzen mit den weißen Springern ihre Plätze tauschen. Dabei dürfen natürlich nur die beim Schach üblichen Springerzüge gemacht werden.

66. Das Sieben-Springer-Problem

In demselben Schachbuch findet sich eine weitere ähnliche Denksportaufgabe.
Es soll ein Springer auf ein freies Feld eines 3×3-feldigen Schachbretts gestellt und dann von dort aus auf ein anderes freies Feld gezogen werden. Nun soll ein zweiter Springer auf ein freies Feld gesetzt und anschließend mit einem Zug auf das Feld gezogen werden, das der erste Springer gerade frei gemacht hat. Da-

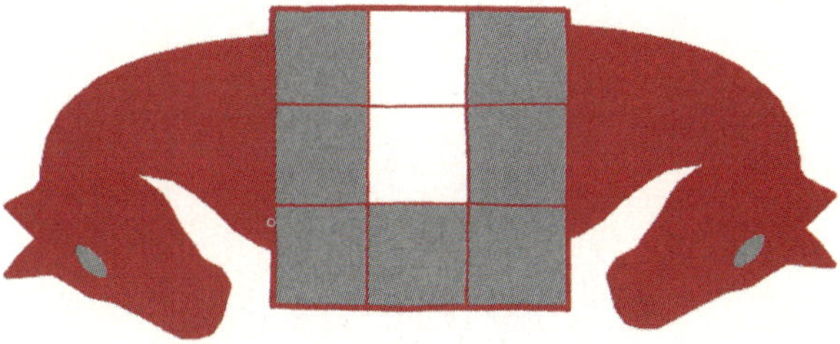

nach soll das Gleiche noch mit fünf weiteren Springern geschehen: Sie sollen jeweils auf ein freies Feld gestellt werden und dann sofort auf das Feld springen, das der vorherige Springer gerade verlassen hat. Zum Schluss soll auf jedem der sieben grauen Felder eine Figur stehen. Natürlich dürfen die Springer nur die beim Schach üblichen Züge machen.

67. Die Wanderung der Springer

In dem *Buch vom Modell für die Schlacht in der Überlieferung der erstklassigen Schachspieler* gibt es noch eine Springeraufgabe, die große Ähnlichkeit mit der vorletzten Problemstellung hat.
In der untersten Zeile eines Schachbretts stehen acht Springer. Sie sollen mit möglichst wenigen Zügen alle in die oberste Zeile des Schachbretts gebracht werden. Wie viele Züge sind dazu notwendig?

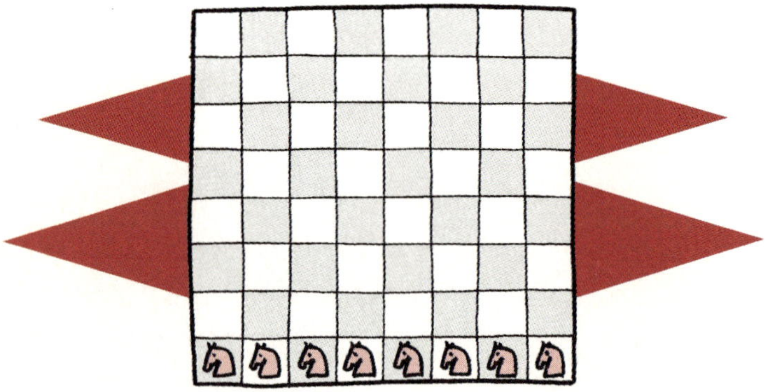

68. Der kleine Rösselsprung

Das Buch vom Modell für die Schlacht in der Überlieferung der erstklassigen Schachspieler enthält auch ein Rösselsprungproblem. Ein Springer steht auf einem Eckfeld eines halben Schachbretts, das nur 4 × 8 Felder hat. Er soll mit 31 Zügen einmal jedes Feld des Schachbretts besuchen. Ist das möglich?

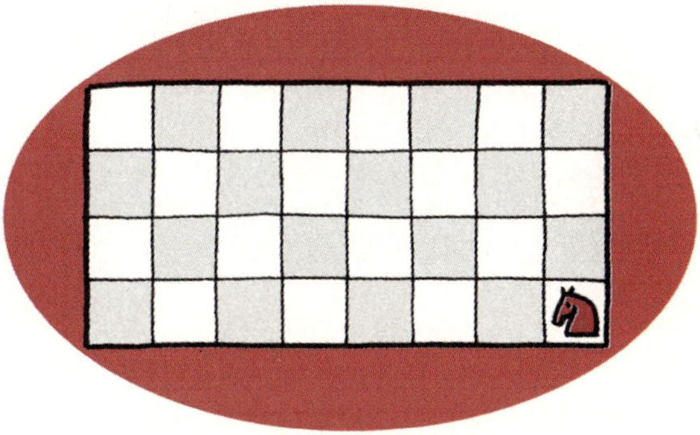

69. Flächenteilungen

Muhammad ibn Ibrahim ibn Yusuf ibn al-Hanbali al-Halabi wurde in Aleppo in Syrien geboren. Er war ein vielseitiger Gelehrter und besonders bewandert in Rechtswissenschaft, Geschichte, Medizin und Mathematik. Er starb 1563. Aus seiner Schrift *Anzeichen der Schönheit* stammt folgendes Flächenteilungsproblem:

Ein Mann stirbt und hinterlässt ein rechteckiges Grundstück von 24 Bab Länge und 15 Bab Breite. Sein erster Erbe soll ein Drittel des Grundstücks bekommen, der zweite und dritte Erbe

jeweils ein Viertel und der vierte ein Sechstel. Die vier Erben einigen sich darauf, einen gemeinsam genutzten zwei Bab breiten Weg anzulegen, der auf die lange Seite des Landstücks des Haupterben stößt und entlang der kurzen Seiten der Stücke der anderen drei Erben verläuft. Für den Weg treten die vier Erben anteilig etwas von ihren Landstücken ab.
Wie groß sind die Flächen der vier Landstücke?

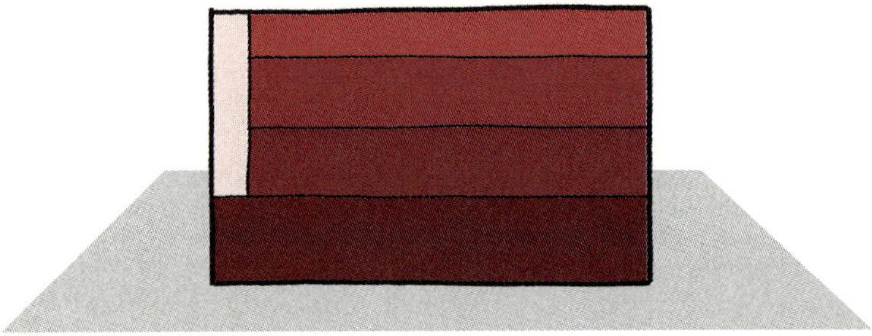

70. Gleichschenklige Dreiecke

Auch das folgende geometrische Problem stammt von Ibn al-Hanbali.
Von einem gleichschenkligen Dreieck sind der Flächeninhalt A und die Länge a der beiden gleichen Schenkel bekannt. Wie groß ist die Grundseitenhöhe h des Dreiecks?

71. Sauerhonig

Muhammad ibn al-Husein Baha ad-Din al-Amili war wahrscheinlich Perser, wurde 1547 in Baalbek geboren und starb 1622 in Isfahan. Zu seinen Lebzeiten hatte die arabische Mathematik ihren Höhepunkt längst überschritten. Seine Werke und die seiner Nachfolger zeigen deshalb auch keine Selbständigkeit und Originalität mehr. Sein Buch *Essenz der Rechenkunst* enthält allerdings einige hübsche Denksportaufgaben.
Ein Becher ist mit vier Pfund Honig gefüllt, ein zweiter mit fünf Pfund Essig und ein dritter mit neun Pfund Wasser. Die Inhalte der drei Becher werden in ein Gefäß geschüttet und zu Sauerhonig verrührt. Schließlich wird der Sauerhonig in die drei Becher gekippt, sodass in jedem Becher wieder so viel Pfund sind, wie es ursprünglich waren. Wie viel Pfund Honig, Essig und Wasser ist in jedem Becher?

72. Das Stomachion des Archimedes

Arabische Wissenschaftler des Mittelalters haben die griechische und indische Mathematik gründlich studiert, sie ins Arabische übersetzt und durch eigene Arbeiten erweitert. Manches Gedankengut aus der Antike kennen wir nur durch die Vermittlung der Araber.
In zwei anonymen arabischen Manuskripten, die etwa aus den Jahren 1600 und 1650 stammen und selbst wiederum Abschriften älterer Manuskripte sind, wird das Stomachion des Archimedes (ca. 285–212 v. Chr.) beschrieben und untersucht.

Das Stomachion, das manchmal auch als Loculus bezeichnet wird, ist ein Quadrat, das in vierzehn Teile zerlegt ist.

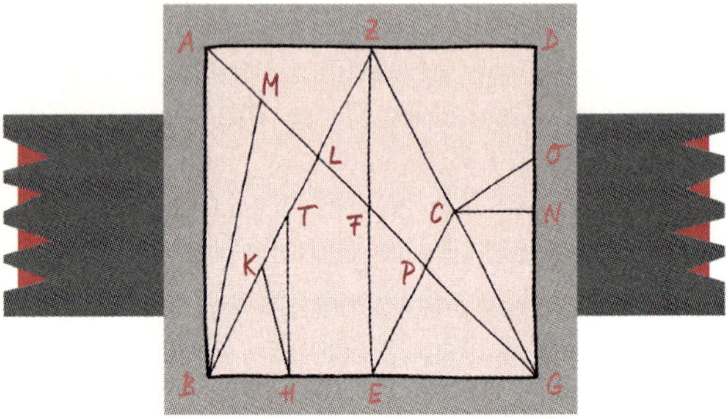

Im Quadrat *ABGD* ist *AG* eine der beiden Diagonalen und *EZ* die Mittelsenkrechte von *BG*. Die Strecken *BZ* und *GZ* sind Diagonalen der Rechtecke *ABEZ* und *ZEGD*. Die Strecken *CN*, *HT* und *CO* sind die Mittelsenkrechten von *DG*, *BE* und *ZG*, und *EC* verbindet die Mittelpunkte von *BG* und *ZG*. Der Mittelpunkt der Strecke *AL* ist durch *BM* mit der Quadratecke *B* verbunden. Schließlich liegt die Strecke *HK* so, dass ihre Verlängerung durch die Ecke *A* laufen würde.

In den beiden Manuskripten soll bewiesen werden, dass die Flächeninhalte aller vierzehn Teile des Stomachions rationale Bruchteile der Quadratfläche sind. Mit anderen Worten: Es soll gezeigt werden, dass es eine ganzzahlige Seitenlänge des Quadrats gibt, sodass dann auch die Flächeninhalte aller vierzehn Teile ganzzahlig sind.

… und wie man sie knackt

1. Das magische Quadrat Buduh

Zählt man die Zahlen von 1 bis 9 zusammen, erhält man 45. Die neun Zahlen verteilen sich im magischen Quadrat auf drei Spalten, darum muss die Summe jeder Reihe 45 : 3 = 15 betragen. Diese Reihensumme nennt man auch die magische Konstante des Quadrats.

Es gibt insgesamt acht Möglichkeiten, aus den Zahlen von 1 bis 9 drei auszuwählen, die zusammen 15 ergeben: (1, 5, 9), (2, 5, 8), (3, 5, 7), (1, 6, 8), (2, 6, 7), (4, 5, 6), (2, 4, 9) und (3, 4, 8). Da das magische Quadrat acht Reihen hat, nämlich drei Zeilen, drei Spalten und zwei Diagonalen, kommen alle acht Möglichkeiten tatsächlich in ihm vor.

Die 5 ist die einzige Zahl, die in vier Möglichkeiten auftritt, und da das mittlere Feld des magischen Quadrats zu vier Reihen gehört, muss die 5 dort stehen.

Jedes Eckfeld des magischen Quadrats gehört zu drei Reihen. Da nur die vier geraden Zahlen 2, 4, 6 und 8 in jeweils drei Möglichkeiten vorkommen, müssen sie auf die Eckfelder gesetzt werden. Dafür gibt es insgesamt acht Möglichkeiten: Die 2 kann in jedem der vier Eckfelder stehen. Die Position der 8 liegt dann mit dem diagonal gegenüberliegenden Eckfeld eindeutig fest. Der 4 stehen jetzt nur noch zwei Eckfelder zur Wahl. Die 6 schließlich muss dann auf dem der 4 diagonal gegenüberliegenden Eckfeld stehen. Sind die vier Eckfelder besetzt, steht auch eindeutig fest, in welche Felder die Zahlen 1, 3, 7 und 9 gehören.

Alle acht magischen Quadrate lassen sich aus einem einzigen erzeugen, indem man dieses um 90, 180 und 270 Grad dreht und dann die vier Varianten spiegelt.

Der Name «Buduh» stammt übrigens von der Zahlenverteilung des ersten dieser acht Quadrate. Die arabischen Buchstaben hatten zu Dschabir ibn Hayyans Zeiten jeweils auch einen Zahlenwert. Ersetzt man nun die Zahlen der vier Eckfelder durch die entsprechenden Buchstaben und liest sie, wie im Arabischen üblich, von rechts nach links, zuerst die oberste Zeile und dann die unterste, erhält man die Buchstaben ba, dal, u und ha. Zusammen ergibt sich daraus das Wort «Buduh».

2. Lachende Erben

Der Fremde erhielt

$$\frac{1}{8} + \frac{1}{7} = \frac{7}{56} + \frac{8}{56} = \frac{15}{56}$$

des Erbes. Für die Familie der Frau blieben somit nur noch $\frac{41}{56}$ übrig. Davon erhielt der Mann ein Viertel, also

$$\frac{1}{4} \cdot \frac{41}{56} = \frac{41}{224}.$$

Für die Kinder blieb folglich noch ein Rest von

$$\frac{3}{4} \cdot \frac{41}{56} = \frac{123}{224}.$$

Da der Sohn doppelt so viel erhielt wie jede der drei Töchter, musste dieser Rest noch einmal durch fünf geteilt werden.

$$\frac{1}{5} \cdot \frac{123}{224} = \frac{123}{1120}$$

Erweitert man alle Brüche auf den Nenner 1120, sieht man, dass jede Tochter 123 Teile des Erbes erhielt, der Sohn 246 Teile, der Ehemann 205 Teile und der Fremde 300 Teile.

3. Zehn auf einen Streich

Bezeichnet man die beiden Zahlen mit x und y, so gilt:

$$x + y = 10$$

$$\frac{x}{y} = 4$$

Löst man die zweite Gleichung nach x auf und setzt sie in die erste ein, ergibt sich $y = 2$. Daraus folgt sofort $x = 8$.

Genau das gleiche Problem findet man ebenfalls in einem Buch von Abu Kamil. Auch al-Karadschi und Baha ad-Din haben ähnliche Aufgaben in ihren Werken veröffentlicht.

Die Summe zweier Zahlen beträgt 10, und ihr Quotient ist $\frac{2}{3}$.
(Lösung: 4 und 6)

Die Summe zweier Zahlen beträgt 10 und ihre Differenz 5. (Lösung: $7\frac{1}{2}$ und $2\frac{1}{2}$)
Auch heute noch sind Aufgaben dieser Art sehr beliebt. Besonders in Schulbüchern findet man sie zum Thema «Lineare Gleichungssysteme».

4. Die Kunst des Teilens

Jeder der drei Männer aß $\frac{5}{3}$ Brote. Da der erste Mann $3 = \frac{9}{3}$ Brote besaß, gab er $\frac{4}{3}$ Brote an den dritten Mann ab. Der zweite Mann hatte $2 = \frac{6}{3}$ Brote und gab somit $\frac{1}{3}$ Brot an den dritten Mann. Von den fünf Dirham musste der erste Mann folglich vier und der zweite einen bekommen.

5. Dreieck, Sechseck und Kreis

Dreht man das Sechseck in dem Kreis um 30 Grad und verbindet seine Ecken mit dem Kreismittelpunkt, so sieht man, dass es sich aus zwölf gleichen kleinen, rechtwinkligen Dreiecken zusammensetzt. Das gleichseitige Dreieck hingegen besteht nur aus sechs dieser kleinen Dreiecke. Die Sechseckfläche ist also doppelt so groß wie die Fläche des gleichseitigen Dreiecks.

Den grauen Streifen kann man in der Zeichnung noch zwei weitere Male finden. Die Gesamtfläche F der drei Streifen erhält man, indem man von der Kreisfläche K die drei Kreisabschnitte A und die Fläche D des gleichseitigen Dreiecks abzieht.

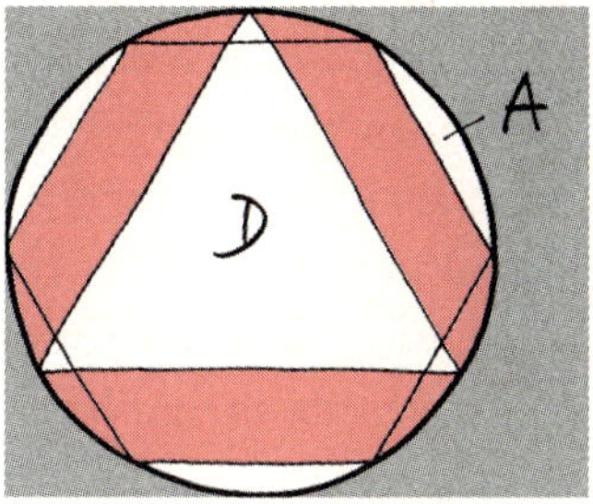

$F = K - 3A - D$

Zieht man von der Kreisfläche die Sechseckfläche S ab, so bleiben sechs Kreisabschnitte übrig.

$6A = K - S$

Teilt man diese Gleichung durch 2 und setzt sie in die erste ein, ergibt sich

$$F = K - \frac{1}{2}(K - S) - D = \frac{1}{2}K + \frac{1}{2}S - D.$$

Da nun $D = \frac{1}{2}S$ ist, heben sich die beiden letzten Summanden gegenseitig auf, und es bleibt $F = \frac{1}{2}K$ übrig. Folglich nimmt ein grauer Streifen ein Sechstel der Kreisfläche ein.

6. Befreundete Zahlen

Das fünfte Paar befreundeter Zahlen, das man in der Antike kannte, war 220 und 284: Die Summe der Teiler von 220 ist $1 + 2 + 4 + 5 + 10 + 11 + 20 + 22 + 44 + 55 + 110 = 284$, und die Summe der Teiler von 284 beträgt $1 + 2 + 4 + 71 + 142 = 220$.

Thabit ibn Qurra machte nun folgende Entdeckung: Falls sowohl $p = 3 \cdot 2^n - 1$ als auch $q = 3 \cdot 2^{2n-1} - 1$ und $r = 9 \cdot 2^{2n-1} - 1$ Primzahlen sind und n größer als 1 ist, dann sind $a = pq \cdot 2^n$ und

$b = r \cdot 2^n$ befreundete Zahlen. Leider liefert dieser Satz für kleine Werte von *n* nur selten die erforderlichen drei Primzahlen. Unter 20 000 sind es nur die Zahlen 2, 4 und 7, und man erhält hiermit die befreundeten Zahlenpaare (220, 284), (17 296, 18 416) und (9 363 584, 9 437 056).

Heute kennt man etwa 363 000 Paare befreundeter Zahlen. Die allermeisten sind jedoch nicht mit dem Satz von Thabit ibn Qurra gefunden worden. Sieht man einmal von den vollkommenen Zahlen ab, so sind bei nur dreizehn Paaren die Zahlen kleiner als 100 000.

1. Zahl	2. Zahl
220	284
1 184	1 210
2 620	2 924
5 020	5 564
6 232	6 368
10 744	10 856
12 285	14 595
17 296	18 416
63 020	76 084
66 928	66 992
67095	71 145
69 615	87 633
79 750	88 730

7. Der Satz des Pythagoras

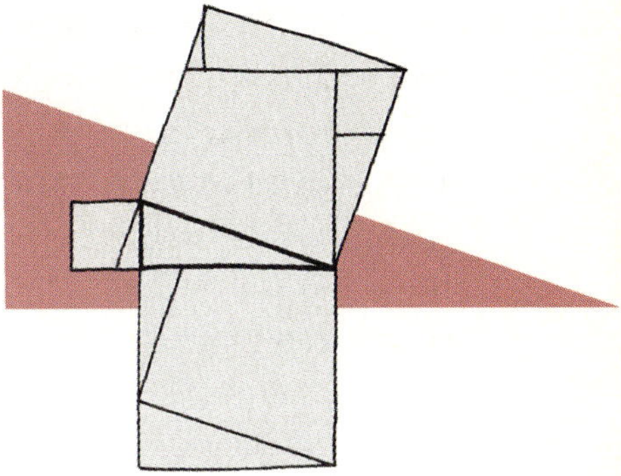

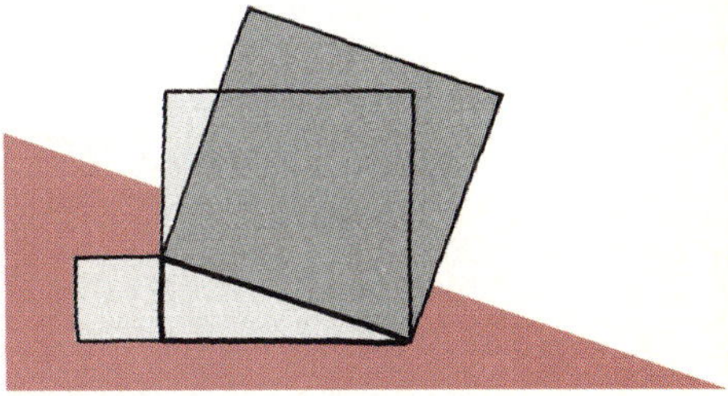

An-Nairizi hat nebenstehende Zerlegung entdeckt.
Um sie zu beweisen, wählt man ein beliebiges rechtwinkliges Dreieck und zeichnet daran das Hypotenusenquadrat und die beiden Kathetenquadrate. Dabei soll allerdings das größere Kathetenquadrat nicht, wie üblich, außerhalb des Dreiecks liegen, sondern es soll das Dreieck überlappen.
Diese Anordnung der drei Quadrate und des Dreiecks lässt sich beliebig oft vervielfachen und so aneinander setzen, dass die Hypotenusenquadrate ein Schachbrettmuster bilden. Dadurch pflastern auch die Kathetenquadrate die Ebene lückenlos. Nun kann man leicht erkennen, dass jedes graue Hypotenusenquadrat zusammengesetzt ist aus einem kleinen Kathetenquadrat, das allerdings in zwei Teile zerschnitten ist, und einem großen Kathetenquadrat, das in drei Teile zerlegt ist.
Im Laufe der Jahrhunderte sind noch zahlreiche weitere Zerlegungsbeweise für den Satz des Pythagoras gefunden worden. Ein

sehr einfacher Beweis, der auch mit fünf Teilen auskommt, ist der Schaufelradbeweis vom englischen Amateurmathematiker Henry Perigal aus dem Jahr 1830. Perigal war so stolz auf seinen Beweis, dass er ihn auf seine Visitenkarten drucken ließ und anordnete, dass man ihn nach seinem Tod in seinen Grabstein meißle, was auch tatsächlich geschah.

Dass Perigals Zerlegung immer funktioniert, kann man leicht sehen, wenn man an ein beliebiges rechtwinkliges Dreieck die beiden Kathetenquadrate zeichnet, und zwar so, dass das größere außerhalb des Dreiecks liegt und das kleinere das Dreieck überlappt. Nun wird noch das Hypotenusenquadrat eingezeichnet, wobei es allerdings so parallel verschoben wird, dass sein Mittelpunkt mit dem Mittelpunkt des kleineren Kathetenquadrats zusammenfällt.

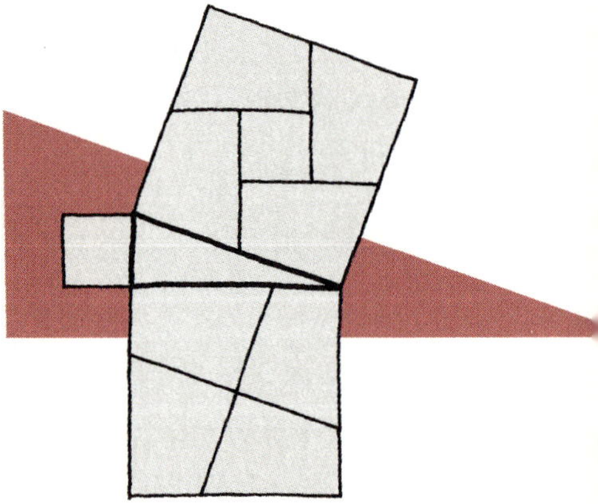

Diese Anordnung wird anschließend beliebig oft vervielfacht und so aneinander gesetzt, dass die Hypotenusenquadrate ein

Schachbrettmuster bilden. Dadurch bedecken auch die Kathetenquadrate die Ebene lückenlos. Nun kann man ohne weiteres sehen, dass jedes graue Hypotenusenquadrat zusammengesetzt ist aus einem kleinen Kathetenquadrat und den vier Vierteln eines großen Kathetenquadrats.

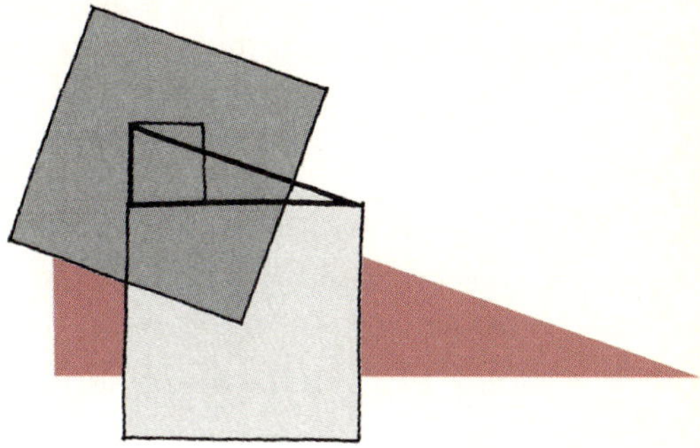

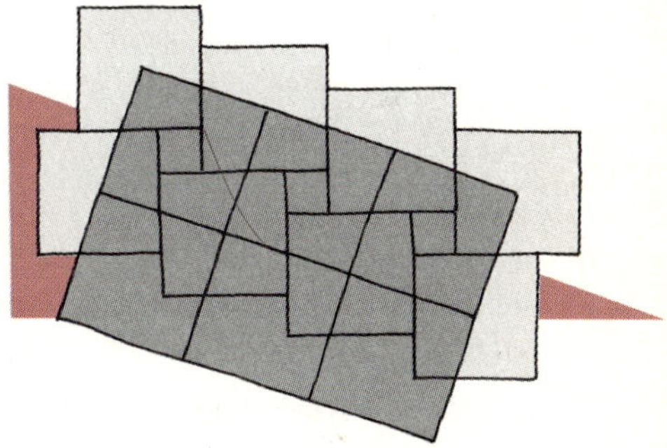

8. Der Kauf der hundert Vögel

Bezeichnet man die Anzahl der Enten, Hühner und Sperlinge mit E, H und S, so gilt

$$E + H + S = 100.$$

Multipliziert man die Anzahl der Vögel mit den entsprechenden Preisen, erhält man eine zweite Gleichung, die man anschließend mit 20 multipliziert, um alle Terme ganzzahlig zu machen.

$$5E + 1H + \frac{1}{20}S = 100$$

$$100E + 20H + S = 2000.$$

Stellt man die erste Gleichung nach S um und setzt sie dann in die zweite ein, erhält man

$$100E + 20H + (100 - E - H) = 2000.$$

Nach E aufgelöst wird daraus der Bruch

$$E = \frac{19(100 - H)}{99}.$$

Da E eine ganze Zahl ist, muss der Zähler des Bruchs durch 99 teilbar sein. Der Faktor 19 hat keinen gemeinsamen Teiler mit 99, folglich muss $(100 - H)$ ein Vielfaches von 99 sein. Dies ist aber nur für $H = 1$ und $H = 100$ möglich. Daraus ergibt sich dann im ersten Fall $E = 19$ und $S = 80$ und im zweiten Fall $E = 0$ und $S = 0$. Der Mann hat also entweder neunzehn Enten, ein Huhn und achtzig Sperlinge oder nur hundert Hühner und keine anderen Vögel gekauft. Abu Kamil setzt in seiner Schrift allerdings stillschweigend voraus, dass der Mann tatsächlich von jeder Vogelart mindestens ein Tier kauft. Damit scheidet für ihn die zweite Lösung aus.
Auch in den vier Varianten dieses Problems, die Abu Kamil in seinem Buch beschreibt, ersteht der Mann jeweils hundert Vögel und bezahlt dafür jedes Mal hundert Drachmen.
Bei der ersten Variante kauft er Enten (E), Tauben (T) und Hühner (H), wobei jede Ente zwei Drachmen, je drei Tauben

eine Drachme und je zwei Hühner auch eine Drachme kosten. Wieder kann man zwei Gleichungen aufstellen.

$$E + H + T = 100$$

$$2E + \frac{H}{2} + \frac{T}{3} = 100$$

Eliminiert man T, so wird daraus

$$E = 40 - \frac{H}{10}$$

Diese Gleichung hat sechs verschiedene Lösungen mit positiven ganzen Zahlen. Lässt man zu, dass der Mann auch nur Vögel von zwei der drei angebotenen Arten kauft, so gibt es noch eine weitere Lösung.

Hühner	Enten	Tauben
0	40	60
10	39	51
20	38	42
30	37	33
40	36	24
50	35	15
60	34	6

Bei der zweiten Variante kauft der Mann vier verschiedene Vogelarten: Eine Ente kostet vier Drachmen, ein Huhn eine Drachme, je zwei Tauben eine Drachme und je zehn Sperlinge auch eine Drachme. Diese Variante hat 98 Lösungen, wenn von jeder Vogelart mindestens ein Tier gekauft werden soll, ansonsten sind es 122 Lösungen.

In der dritten Variante gibt es auch wieder vier Vogelarten: Eine Ente kostet zwei Drachmen, und ein Huhn, zwei Tauben und drei Lerchen kosten jeweils eine Drachme. Diesmal gibt es, wenn von jeder Art wenigstens ein Tier gekauft werden soll, sogar 304 Lösungen, und falls dies nicht der Fall ist, 364 Lösungen.

Bei der vierten Variante kommen wiederum nur drei Vogelarten vor: Eine Ente kostet drei Drachmen und drei Hühner oder zwanzig Sperlinge jeweils eine Drachme. Diese Aufgabe hat keine Lösung, wenn von jeder Vogelart mindestens ein Tier gekauft werden muss. Ist dies nicht notwendig, so holt sich der Mann 25 Enten und 75 Hühner.

Bei der letzten Variante geht es um fünf Vogelarten: Für zwei Drachmen erhält der Mann eine Ente und für eine Drachme ein Huhn oder zwei Tauben oder drei Ringeltauben oder vier Lerchen. Diese Aufgabe hat sogar 2678 verschiedene Lösungen, falls jede Tierart vorkommen muss, und insgesamt 3727 Lösungen, falls dies nicht gefordert ist.

An Abu Kamils Manuskript hängen noch einige Seiten, die von einem unbekannten Autor stammen und eine weitere Vogelkaufaufgabe beschreiben.

Ein Mann geht auf den Markt und kauft vierhundert Vögel für insgesamt vierhundert Drachmen: Eine Taube kostet eine Drachme, ein Rebhuhn drei Drachmen, ein Huhn zwei Drachmen und je sieben Sperlinge eine Drachme. Diese Aufgabe hat 1806 Lösungen, wenn von jeder Tierart mindestens ein Exemplar gekauft werden soll, ansonsten sogar 1886 Lösungen.

Das Problem der hundert Vögel wurde vielfach variiert. Auch in Europa kennt man die Aufgabe seit dem frühen Mittelalter. Sie wird heute noch immer wieder in vielen Rätselbüchern gestellt.

9. Das Rechteck im Dreieck

Da das gleichseitige Dreieck die Seitenlänge 10 hat, beträgt seine Höhe nach dem Satz des Pythagoras $5\sqrt{3}$. Die beiden Dreiecke *ABC* und *DEC* sind ähnlich, darum sind die Verhältnisse einander entsprechender Seiten gleich.

$$\frac{EC}{DE} = \frac{BC}{AC}$$

$$\frac{5 - a/2}{b} = \frac{5}{5\sqrt{3}}$$

Dabei sind *a* und *b* die Rechteckseiten. Außerdem soll $ab = 10$ sein. Löst man diese zweite Gleichung nach *b* auf und setzt sie in die erste ein, erhält man nach einigen Umformungen folgende quadratische Gleichung:

$$a^2 - 10a + \frac{20}{3}\sqrt{3} = 0$$

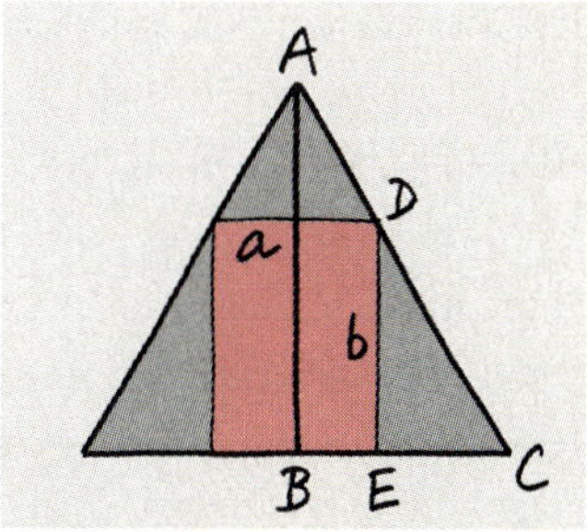

Sie hat die beiden Lösungen

$$a_1 = 5 - \frac{1}{3}\sqrt{225 - 60\sqrt{3}} \approx 1{,}332$$

und

$$a_2 = 5 + \frac{1}{3}\sqrt{225 - 60\sqrt{3}} \approx 8{,}668.$$

Dazu gehören die anderen Rechteckseiten $b_1 = 10/a_1 \approx 7{,}507$ und $b_2 = 10/a_2 \approx 1{,}154$. Übrigens hat Abu Kamil in seinem Buch nur die erste Lösung angegeben.

10. Das Quadrat im Dreieck

Bezeichnet man die Seitenlänge und die Höhe des gleichseitigen Dreiecks mit b und h und die Seitenlänge des Quadrates mit a, so hat das Dreieck einen Flächeninhalt von $A_D = \frac{1}{2}hb$ und das Quadrat von $A_Q = a^2$. Die Höhe des Dreiecks berechnet sich dabei nach dem Satz des Pythagoras zu $h = \frac{1}{2}\sqrt{3}\,b$.
Nach dem Strahlensatz beträgt das Verhältnis von Quadratseite und Dreieckseite

$$\frac{a}{b} = \frac{h-a}{h} = \frac{\frac{1}{2}\sqrt{3}b - a}{\frac{1}{2}\sqrt{3}b}.$$

Löst man diese Gleichung nach b auf, erhält man

$$b = \left(1 + \frac{2}{3}\sqrt{3}\right)a.$$

Die Summe der beiden Flächeninhalte soll 10 betragen.

$$10 = A_D + A_Q = \frac{1}{2}hb + a^2.$$

Setzt man in diese Gleichung zuerst den Ausdruck für h und dann noch den für b ein und löst sie anschließend nach a auf, ergibt sich als Seitenlänge des Quadrates

$$a = \frac{2}{143}\sqrt{34320 - 10010\sqrt{3}} \approx 1{,}8226.$$

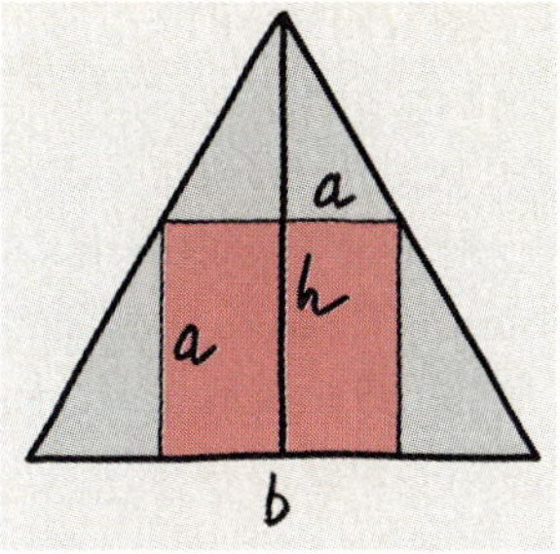

11. Das Fünfeck im Quadrat

Die Innenwinkel eines regelmäßigen *n*-Ecks haben den Wert 180° · (*n*–2)/*n*. Beim regelmäßigen Fünfeck sind die Innenwinkel somit alle 108° groß. Da in dieser Aufgabe ein Winkel des Fünfecks mit dem des Quadrats zusammenfällt und folglich eine Größe von 90° hat, kann es nicht regelmäßig, sondern nur gleichseitig sein. Aus der Aufgabe folgt außerdem, dass das Fünfeck symmetrisch zu einer der beiden Diagonalen des Quadrats liegt.

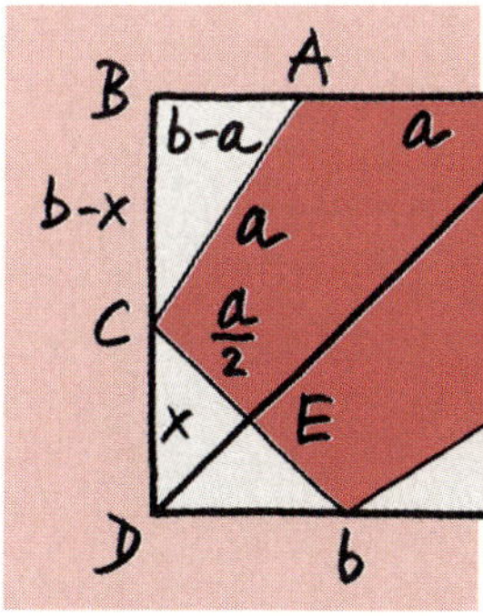

Die Länge der Fünfeckseiten bezeichnen wir mit *a* und die der Quadratseiten mit *b*; *x* ist eine Hilfsgröße.
Das Dreieck *CDE* hat einen rechten Winkel bei *E* und einen 45°-Winkel bei *D*. Folglich ist es gleichschenklig, und die beiden Schenkel sind $a/2$ lang. Mit Hilfe des Satzes von Pythagoras kann man nun die Größe *x* durch *a* ausdrücken.

$$x = \frac{1}{2}\sqrt{2}\,a$$

Auch das Dreieck *ABC* ist rechtwinklig, und mit dem Satz des Pythagoras erhält man

$$(b-a)^2 + (b-x)^2 = a^2.$$

Ersetzt man in dieser Gleichung *x* durch den obigen Ausdruck und löst sie nach *a* auf, bekommt man

$$a = \left(2 + \sqrt{2} - \sqrt{2 + 4\sqrt{2}}\right)b.$$

Mit $b = 10$ ergibt sich somit für die Fünfeckseite *a* eine Länge von etwa 6,4711.

12. Die Mathematik der Liebe

Der Geliebten gehört das ganze Herz des Dichters, bis auf den Anteil, der dem Mundschenk zusteht. Da dieser ein Drittel vom Drittel des Drittelrests, also $\frac{1}{81}$, des Dichterherzens besitzt, bleiben der Geliebten noch $\frac{80}{81}$ übrig.

13. Das Bauernkreuz

In dem arabischen Schachbuch wird eine Lösung mit dreißig Zügen angegeben, um mit dem Springer alle sechzehn Bauern zu schlagen. Die Skizze zeigt die Zugfolge. Ob es auch schon mit weniger Zügen geht, ist bis heute unbekannt, aber wahrscheinlich sind dreißig Züge tatsächlich das Minimum.

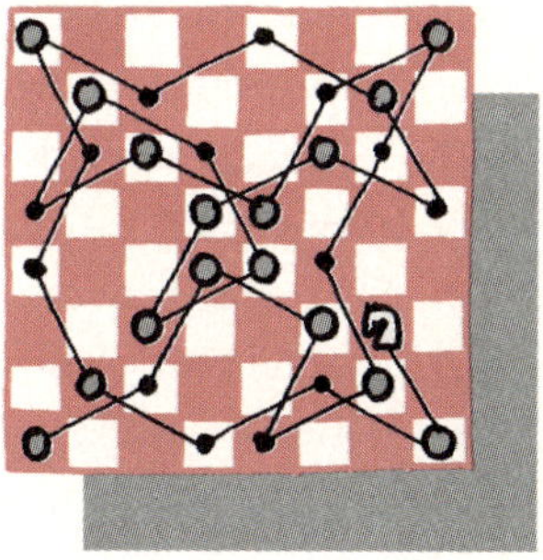

Von dem Problem gibt es noch zwei etwas einfachere Varianten. Die erste stammt aus dem *Buch vom Schachspiel, seinen Endspielen und Feinheiten*. Die zweite, nicht ganz so einfache Variante findet man in der Schrift, aus der auch das Bauernkreuz stammt.

Acht Bauern stehen auf den Diagonalenfeldern von a1 bis h8, und der Springer hat seine Startposition auf dem Feld g6 bzw. h7. Wie viele Züge mit dem Springer sind bei diesen beiden Spielen mindestens notwendig, um alle Bauern zu schlagen?

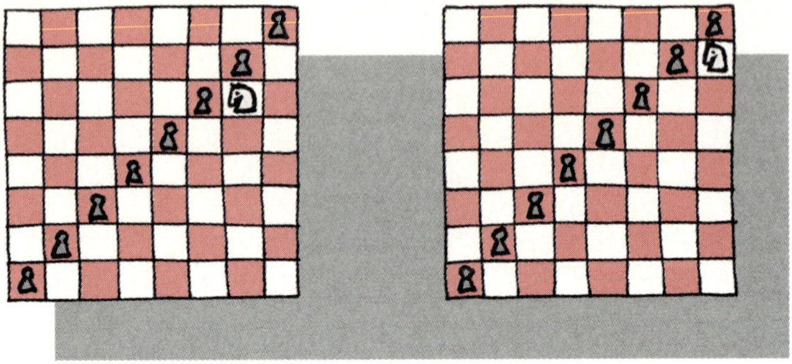

Im ersten Fall kommt man mit fünfzehn Zügen aus, im zweiten mit siebzehn.

Dass die Aufgaben nicht mit weniger Zügen zu bewältigen sind, ist leicht zu erkennen. In beiden Spielen stehen alle acht Bauern auf schwarzen Feldern. Der Springer muss bei jedem Zug die Farbe seines Feldes wechseln. In beiden Fällen steht der Springer zu Anfang auf einem weißen Feld. Um also auf die acht schwarzen Bauernfelder zu gelangen, muss er zwischendurch siebenmal auf weiße Felder springen. Er benötigt somit mindestens fünfzehn Züge. Diese reichen auch schon für die erste Variante des Spiels aus.

Bei der zweiten Variante muss der Springer mindestens neunmal auf ein schwarzes Feld ziehen. Da er nämlich keine der beiden Ecken direkt vom Startfeld aus erreichen und in höchstens einer Ecke seine Zugfolge beenden kann, müssen bei einer der beiden Ecken vorher oder nachher zwei Züge gemacht werden. Dabei muss er entweder ein schwarzes Feld doppelt oder ein zusätzliches betreten. Zwischen den neun Sprüngen auf schwarze Felder kommen noch acht Sprünge auf weiße Felder. Somit muss der

Springer mindestens siebzehn Züge machen, die aber auch tatsächlich ausreichen.

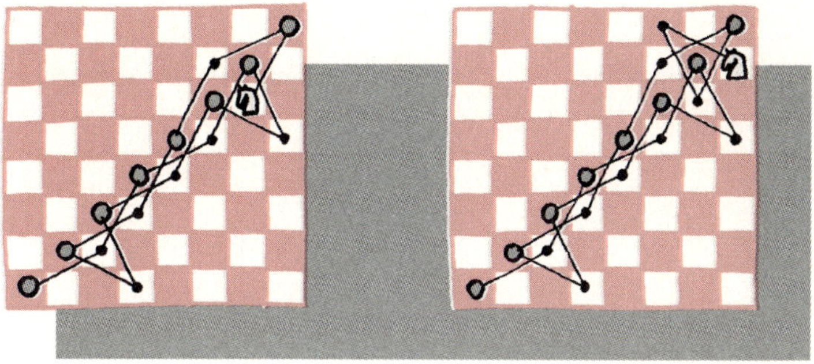

14. Der fleißige Kaufmann

Wenn der Kaufmann zu Anfang das Kapital a_0 hatte, so besaß er nach dem ersten Handel

$$a_1 = a_0 + \frac{1}{2}a_0 = \frac{3}{2}a_0.$$

Nach dem zweiten Geschäft war diese Summe auf

$$a_2 = a_1 + \frac{1}{3}a_1 = \frac{4}{3}a_1 = \frac{4}{3} \cdot \frac{3}{2}a_0$$

angewachsen und nach dem dritten Geschäft auf

$$a_3 = a_2 + \frac{1}{4}a_2 = \frac{5}{4}a_2 = \frac{5}{4} \cdot \frac{4}{3} \cdot \frac{3}{2}a_0.$$

Nach diesem Muster geht es nun weiter, sodass der Kaufmann nach dem neunten Handel

$$a_9 = \frac{11}{10} \cdot \frac{10}{9} \cdot \frac{9}{8} \cdot \frac{8}{7} \cdot \frac{7}{6} \cdot \frac{6}{5} \cdot \frac{5}{4} \cdot \frac{4}{3} \cdot \frac{3}{2}a_0 = \frac{11}{2}a_0$$

besitzt. Dies sollen hundert Dinar sein.

$$\frac{11}{2}a_0 = 100$$

Löst man die Gleichung nach a_0 auf, erhält man ein Anfangskapital von $\frac{200}{11} = 18\frac{2}{11}$ Dinar.

15. Die Vierecke des Abul Wafa

Abul Wafa halbierte zuerst zwei Quadrate diagonal und setzte sie symmetrisch an das dritte Quadrat. Die rechtwinkligen Ecken der Dreiecke verband er dann durch Linien zum großen Quadrat. Schließlich musste er noch die vier überstehenden Stücke der Dreiecke kappen und in die Lücken des großen Quadrats setzen. Insgesamt zerlegte er also die drei Ausgangsquadrate in neun Teile.

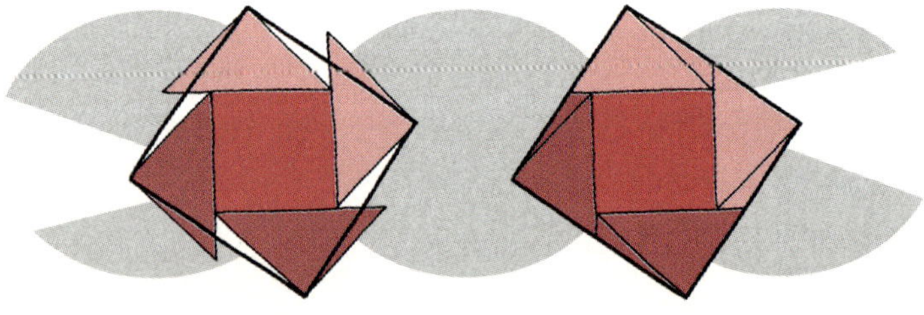

Knapp tausend Jahre später konnte der englische Puzzleerfinder Henry Ernest Dudeney die Lösung mit einer Zerlegung in nur sechs Teile verbessern. Er ordnete dazu die drei Quadrate in einer Reihe an, bevor er sie zerschnitt.

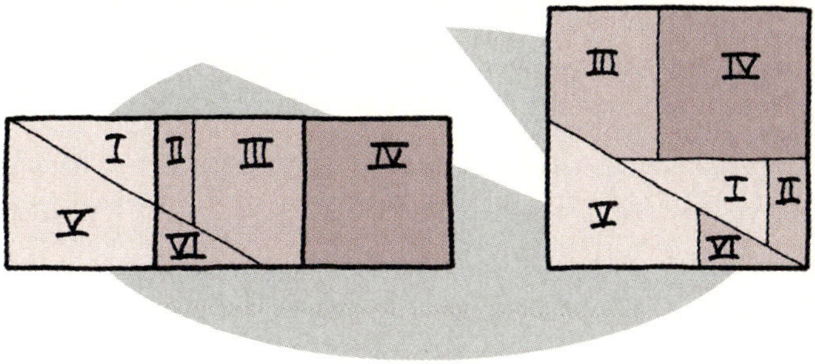

Wenn die drei kleinen Quadrate eine Seitenlänge von 1 haben, dann ist das große Quadrat $\sqrt{3} \times \sqrt{3}$ groß. Der schräge Schnitt durch die beiden linken Quadrate ist deshalb so ausgerichtet, dass das große Dreieck V/VI Kathetenlängen von 1 und $\sqrt{3}$ besitzt. Der senkrechte Schnitt liegt dann so, dass die Katheten des kleinen Dreiecks I/II $\sqrt{3} - 1$ und $3 - \sqrt{3}$ lang sind.

16. Der fromme Mann

Wenn der fromme Mann zu Anfang x Dirham besitzt, so hat er $2x - 10$ Dirham, nachdem seine Bitte zum ersten Mal erfüllt worden ist und er das erste Mal gespendet hat. Nach dem zweiten Durchgang sind es

$$2(2x - 10) - 10 = 4x - 30$$

Dirham, nach dem dritten

$$2(4x - 30) - 10 = 8x - 70$$

Dirham und nach dem vierten
$2(8x-70)-10=16x-150$.

Da der Mann nun nichts mehr besitzen soll, muss dies gleich 0 sein.
$16x-150=0$
Löst man diese Gleichung nach x auf, erhält man, dass der fromme Mann zu Anfang ein Vermögen von $\frac{150}{16}=9\frac{3}{8}$ Dirham besaß.
Eine andere Lösungsmethode ist, das Pferd von hinten aufzuzäumen. Vor seiner letzten Spende besitzt der Mann 10 Dirham, vor der letzten Verdopplung also 5, vor der dritten Spende 15 und vor der dritten Verdopplung somit $7\frac{1}{2}$. Er besitzt folglich vor der zweiten Spende $17\frac{1}{2}$ Dirham, vor der zweiten Verdopplung also $8\frac{3}{4}$, vor der ersten Spende daher $18\frac{3}{4}$ und zu Beginn $9\frac{3}{8}$ Dirham.
Diese Aufgabe ist keine arabische Erfindung. Schon der im siebten Jahrhundert lebende Armenier Anania Schirakazi schrieb: «Ein Mann trat in drei Kirchen und bat Gott das erste Mal: Gib mir so viel, wie ich habe, und ich gebe dir 25 Dahaken. Das wiederholte sich noch zweimal, und ihm blieb nichts übrig. Nun wisse, wie viel er früher hatte.» Die Araber änderten die Aufgabe nicht, sondern ließen nur die Kirchen fort. Als die Europäer dann die Aufgabe von den Arabern übernahmen, ging der fromme Mann wieder zur Kirche. In der rationalistischen Renaissance schließlich verdoppelte sich der Besitz des Mannes nicht mehr durch Gebete, sondern durch Glücksspiel.

17. Ein zweiter frommer Mann

Besitzt der Mann zu Anfang x Dirham, so hat er noch $2x - 10$ Dirham, nachdem seine Bitte zum ersten Mal erfüllt wurde und er das erste Mal gespendet hat. Nach dem zweiten Durchgang sind es

$$2(2x - 10) - 30 = 4x - 50$$

Dirham, nach dem dritten

$$2(4x - 50) - 70 = 8x - 170$$

Dirham und nach dem vierten

$$2(8x - 170) - 20 = 16x - 360.$$

Nun besitzt er nichts mehr, darum muss dies gleich 0 sein.

$16x - 360 = 0$

Nach x aufgelöst erhält man, dass der fromme Mann zu Anfang $\frac{360}{16} = 22\frac{1}{2}$ Dirham besaß.

18. Die magische Konstante magischer Quadrate

Addiert man die Zahlen von 1 bis n^2 eines magischen Quadrats n-ter Ordnung, erhält man eine arithmetische Reihe.

$$1 + 2 + 3 + \ldots + n^2$$

Bei arithmetischen Reihen erhöhen sich sich Glieder immer um einen konstanten Wert d. Hat eine solche Reihe m Glieder und das Anfangsglied a_1, so beträgt das Endglied stets $a_m = a_1 + (m - 1)d$. Die Reihensumme ist folglich

$$s = a_1 + (a_1 + d) + (a_1 + 2d) + (a_1 + 3d) + \ldots + (a_1 + [m - 1]d).$$

Um die Summe zu bestimmen, schreibt man unter diese Reihe die gleiche Reihe noch einmal in umgekehrter Reihenfolge.

$$\begin{aligned} s &= a_1 + (a_1 + d) + (a_1 + 2d) + (a_1 + 3d) + \ldots + (a_1 + [m - 1]d) \\ s &= a_m + (a_m - d) + (a_m - 2d) + (a_m - 3d) + \ldots + (a_m - [m - 1]d) \\ \hline 2s &= m(a_m + a_1) \end{aligned}$$

Addiert man aus beiden Reihen die jeweils untereinander stehenden Summanden, erhält man als Summe jedes Mal $a_m + a_1$. Die Summe beider Reihen beträgt somit $2s = m(a_m + a_1)$ und die Summe einer Reihe

$$s = \frac{1}{2} m(a_m + a_1).$$

Die Reihe der Zahlen des magischen Quadrats n-ter Ordnung hat n^2 Glieder. Das Anfangsglied ist 1 und das Endglied n^2. Folglich beträgt ihre Summe

$$s = \frac{1}{2} n^2(n^2 + 1).$$

Da sich alle Zahlen in dem Quadrat auf insgesamt n Zeilen verteilen, beträgt die magische Konstante M gerade $\frac{1}{n}$ dieser Summe.

$$M = \frac{1}{2} n(n^2 + 1)$$

Die magischen Konstanten der Quadrate erster bis zehnter Ordnung sind folglich $M_1 = 1$, $M_2 = 5$, $M_3 = 15$, $M_4 = 34$, $M_5 = 65$, $M_6 = 111$, $M_7 = 175$, $M_8 = 260$, $M_9 = 369$ und $M_{10} = 505$. Magische Quadrate zweiter Ordnung gibt es allerdings nicht.

19. Flächen aus Zahlen

Man erhält die m-te Dreieckszahl d_m, indem man zur $(m-1)$-ten Dreieckszahl den Wert m addiert. Folglich hat die m-te Dreieckszahl die Größe $d_m = 1 + 2 + 3 + \ldots + m$. Dies ist eine arithmetische

Reihe mit m Gliedern, dem Anfangsglied 1 und dem Endglied m. Die Reihensumme beträgt somit

$$d_m = \frac{1}{2} m (m + 1).$$

(Die Gleichung für die Reihensumme einer arithmetischen Reihe wird in Aufgabe 18 hergeleitet.) Dies ist auch das gesuchte Bildungsgesetz für die m-te Dreieckszahl.

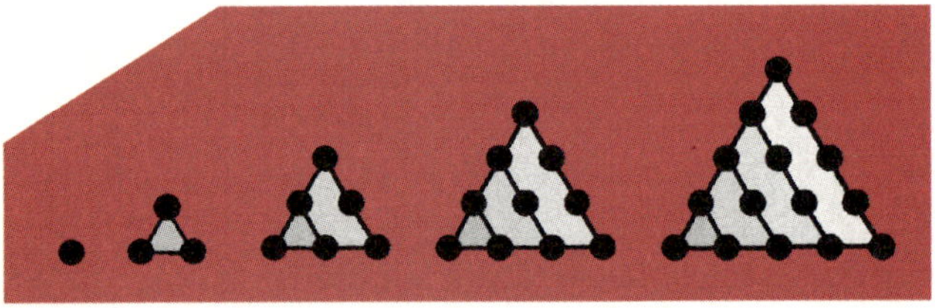

Das Gesetz, mit dem sich die m-te Quadratzahl q_m berechnen lässt, ist trivial.

$$q_m = m^2$$

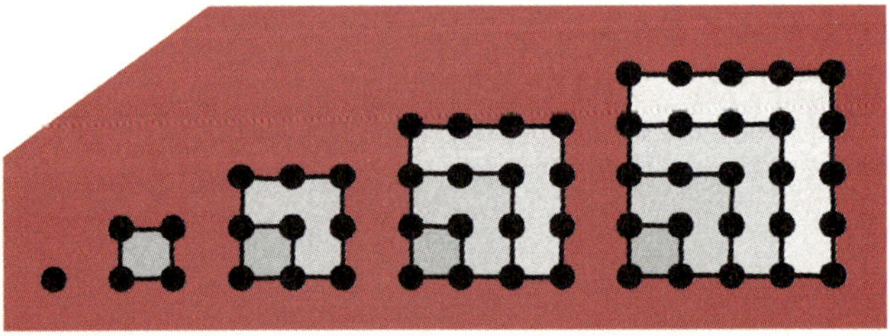

Die m-te Fünfeckszahl f_m erhält man, indem man zur $(m-1)$-ten Fünfeckszahl $3m - 2$ addiert. Die m-te Fünfeckszahl ist folglich der Wert der arithmetischen Reihe $f_m = 1 + 4 + 7 + 10 + 13 + \ldots + (3m - 2)$. Diese Reihe hat m Glieder, das Anfangsglied 1 und das Endglied $3m - 2$. Ihre Summe hat somit den Wert

$f_m = \frac{1}{2} m\,((3m-2)+1) = \frac{1}{2} m\,(3m-1).$

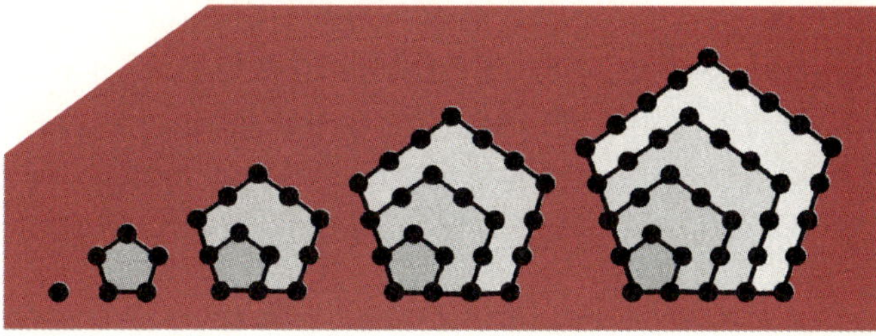

Es ist auch nicht schwer, die Bestimmungsgleichung für beliebige n-gonale Zahlen herzuleiten.
Die m-te Figur einer n-gonalen Zahl entsteht aus der $(m-1)$-ten Figur, indem man an diese $n-2$ neue Seiten anfügt. Auf jeder dieser neuen Seiten sind m Punkte, wobei allerdings $n-3$ Punkte auf jeweils zwei neuen Seiten gleichzeitig liegen. Insgesamt enthält also die m-te Figur $m\,(n-2)-(n-3) = (m-1)n-2m+3$ Punkte mehr als die m-te Figur. Die m-te n-gonale Zahl p_m^n ist somit die Summe
$p_m^n = 1 + (n-1) + (2n-3) + (3n-5) + \ldots + ((m-1)n-2m+3).$
Dies ist eine arithmetische Reihe mit m Gliedern, dem Anfangsglied 1, dem Endglied $(m-1)n-2m+3$ und der Differenz $n-2$.
Somit hat die Reihensumme folgenden Wert:
$p_m^n = \frac{1}{2} m\,((m-1)n-2m+3+1)$
$p_m^n = \frac{1}{2} m\,((m-1)n-2m+4)$

Dies ist auch die gesuchte Gleichung für die m-te n-gonale Zahl.

20. Die geschwänzten Zahlen

Die trigonalen Pyramidenzahlen D_m lassen sich aus den Dreieckszahlen d_m ermitteln. Um den Zusammenhang zwischen ihnen leichter erkennen zu können, sind in der folgenden Tabelle die jeweils ersten sieben von ihnen gegenübergestellt worden.

m	d_m	D_m
1	1	1
2	3	4
3	6	10
4	10	20
5	15	35
6	21	56
7	28	84

Man kann leicht erkennen, dass die m-te Pyramidenzahl D_m in den sieben aufgelisteten Fällen jeweils das $(m + 2)/3$fache der m-ten Dreieckszahl d_m ist.

Dass dies auch allgemein gilt, lässt sich durch eine vollständige Induktion leicht beweisen. Wenn die $(m-1)$-te trigonale Pyramidenzahl D_{m-1} den Wert

$$D_{m-1} = d_{m-1} \cdot \tfrac{1}{2}(m + 1) = \tfrac{1}{2}(m - 1)m \cdot \tfrac{1}{3}(m + 1)$$

hat, so erhält man daraus die m-te Pyramidenzahl, indem man zur $(m-1)$-ten Pyramidenzahl die m-te Dreieckszahl addiert.

$$D_m = D_{m-1} + d_m = \tfrac{1}{2}(m - 1)m \cdot \tfrac{1}{3}(m + 1) + \tfrac{1}{2}m(m + 1)$$

Dies ergibt nach einigen Umformungen auch tatsächlich

$$D_m = \tfrac{1}{2} m (m + 1) \cdot \tfrac{1}{3} (m + 2) = d_m \cdot \tfrac{1}{3} (m + 2),$$

womit die Behauptung bewiesen wäre.
Die gesuchte Gleichung zur Bestimmung der m-ten trigonalen Pyramidenzahl lautet somit

$$D_m = \tfrac{1}{6} m (m + 1) (m + 2).$$

Auf analoge Weise kann man zeigen, dass die m-te quadratische Pyramidenzahl die Größe

$$Q_m = \tfrac{1}{6} (m + 1) (2m + 1)$$

hat und die m-te pentagonale Pyramidenzahl

$$F_m = \tfrac{1}{2} (m + 1) m^2.$$

Auch die Lösung für den allgemeinen Fall lässt sich leicht zeigen:
Die m-te n-gonale Pyramidenzahl hat die Form

$$p_m^n = \tfrac{1}{6} m (m + 1) ((m - 1) n - 2m + 5).$$

21. Die Zisterne

Pro Tag kann das erste Rohr das komplette Volumen V der Zisterne füllen, das zweite Rohr jedoch nur $V/2$ und das dritte $V/3$. Läuft Wasser durch alle drei Rohre, so schaffen sie es, pro Tag

$$V + \frac{1}{2}V + \frac{1}{3}V = \frac{11}{6}V$$

zu füllen. Folglich ist die Zisterne nach $\frac{6}{11}$ Tagen voll gelaufen, wenn alle drei Rohre offen sind.

Das Zisternenproblem kannten nicht nur die Araber. Es tauchte vorher schon in China und in Griechenland auf, und auch in vielen Denksportaufgabenbüchern der westlichen Welt ist es in zahlreichen Varianten vertreten. Häufig gibt es neben den Zuflüssen auch noch Abflüsse, die bei der Rechnung abgezogen statt zugezählt werden müssen. Ein Beispiel hierfür findet man in dem Buch *A New Compendium of Arithmetic* von Samuel Bullen aus dem Jahre 1789:

Eine Zisterne hat vier Zu- und vier Abflüsse. Sind die Abflüsse verschlossen, so kann durch den ersten Zufluss die leere Zisterne in sechs Tagen gefüllt werden, durch den zweiten Zufluss in acht Tagen, durch den dritten in zehn und durch den vierten in zwölf Tagen. Sind die Zuflüsse verschlossen, so kann durch den ersten Abfluss die volle Zisterne in sechs Tagen, durch den zweiten in fünf, durch den dritten in vier und durch den vierten in drei Tagen geleert werden. Wie lange dauert es, die gefüllte Zisterne zu leeren, wenn alle Zu- und Abflüsse geöffnet sind?

Mit der gleichen Berechnungsmethode wie bei der arabischen Aufgabe erhält man eine Leerungsdauer von $2\frac{2}{19}$ Tagen.

22. Der Silbermünzenschatz

Angenommen, der Schatz besteht aus s Geldstücken und drei Brüder teilen ihn sich zunächst einmal so auf, dass der älteste x, der mittlere y und der jüngste z Münzen bekommt.

$$s = x + y + z$$

Dann geben der älteste $x/2$, der mittlere $y/3$ und der jüngste $z/6$ Münzen in den Fonds, der anschließend aus n Münzen besteht.

$$n = \frac{x}{2} + \frac{y}{3} + \frac{z}{6}$$

Nun bekommt jeder der drei Brüder wieder $n/3$ Münzen aus dem Fonds zurück. Dadurch hat dann der älteste insgesamt $s/2$, der mittlere $s/3$ und der jüngste $s/6$ erhalten.

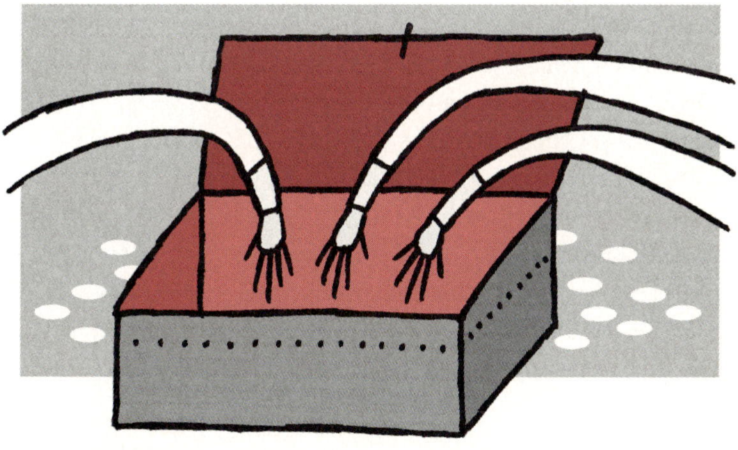

$$x - \frac{x}{2} + \frac{n}{3} = \frac{s}{2}$$

$$y - \frac{y}{3} + \frac{n}{3} = \frac{s}{3}$$

$$z - \frac{z}{6} + \frac{n}{3} = \frac{s}{6}$$

Löst man die drei Gleichungen nach x, y und z auf, erhält man:

$$x = s - \frac{2n}{3}$$

$$y = \frac{s}{2} - \frac{n}{2}$$

$$z = \frac{s}{5} - \frac{2n}{5}$$

Addiert man $x + y + z$ zu s, so wird aus den drei Gleichungen

$$s = \left(s - \frac{2n}{3}\right) + \left(\frac{s}{2} - \frac{n}{2}\right) + \left(\frac{s}{5} - \frac{2n}{5}\right)$$

und nach dem Zusammenfassen $21s = 47n$.

Die beiden Größen s und n stellen Anzahlen von Münzen dar und müssen deshalb ganzzahlig sein. Da 21 und 47 keinen gemeinsamen Teiler haben, lässt sich die Gleichung nicht weiter vereinfachen. Folglich muss s ein ganzzahliges Vielfaches von 47 und n das gleiche ganzzahlige Vielfache von 21 sein.

$s = 47k$

$n = 21k$

Außerdem muss s auch ein Vielfaches von 6 sein, da der Silbermünzenschatz sich halbieren, dritteln und sechsteln lässt. Da aber 47 eine Primzahl ist, muss folglich k ein Vielfaches von 6 sein. Es gilt also $k = 6m$ und damit

$s = 282m$

$n = 126m.$

Die Anzahl n der Münzen im Fonds muss durch 3 teilbar sein. Dies führt jedoch zu keinen weiteren Bedingungen, da 126 ein Vielfaches von 3 ist.

Die kleinste Anzahl von Geldstücken, aus welcher der Schatz bestehen kann, erhält man mit $m = 1$ zu 282 Münzen. Der älteste Bruder erhält dann 141, der mittlere 94 und der jüngste 47 Münzen. Die Aufgabe ist jedoch nicht eindeutig lösbar. Der Schatz kann auch aus jedem ganzzahligen Vielfachen von 282 Münzen bestehen.

23. Der faule Arbeiter

Der Arbeiter bekommt pro Tag, an dem er arbeitet, einen Lohn von $\frac{10}{30}$ Dirham und muss pro Tag, an dem er faulenzt, $\frac{6}{30}$ Dirham zahlen. Arbeitet er an n Tagen des Monats, so faulenzt er an $30 - n$ Tagen, und da er am Monatsende weder Geld bekommt noch zahlen muss, bedeutet das

$$\frac{10}{30}n - \frac{6}{30}(30 - n) = 0$$

Löst man diese Gleichung nach n auf, erhält man $\frac{45}{4} = 11\frac{1}{4}$. Der Arbeiter hat also an $11\frac{1}{4}$ Tagen des Monats gearbeitet.

24. Mein und Dein

Bezeichnet man die Höhe der Ersparnisse der vier Männer mit a, b, c und d, so kann man das Gespräch durch vier Gleichungen zusammenfassen.

$a + 1 = 2(b - 1)$
$b + 2 = 3(c - 2)$
$c + 3 = 4(d - 3)$
$d + 4 = 5(a - 4)$

Löst man sie nach a, b, c und d auf, so wird daraus:

$a = 2b - 3$
$b = 3c - 8$
$c = 4d - 15$
$d = 5a - 24.$

Nun setzt man die vierte in die dritte Gleichung ein.

$c = 4(5a - 24) - 15 = 20a - 111.$

Danach wird die dritte Gleichung in die zweite eingesetzt.

$b = 3(20a - 111) - 8 = 60a - 341.$

Anschließend wird die zweite in die erste Gleichung eingesetzt.

$a = 2(60a - 341) - 3 = 120a - 685.$

Das ergibt

$$a = \frac{685}{119} = 5\frac{90}{119}.$$

Nun kann man mit der achten, siebten und sechsten Gleichung die Werte für *d*, *c* und *b* bestimmen:

$$d = 5a - 24 = 5 \cdot \frac{685}{119} - 24 = \frac{569}{119} = 4\frac{93}{119}$$

$$c = 4d - 15 = 4 \cdot \frac{569}{119} - 15 = \frac{491}{119} = 4\frac{15}{119}$$

$$b = 3c - 8 = 3 \cdot \frac{491}{119} - 8 = \frac{521}{119} = 4\frac{45}{119}.$$

Der erste Mann besitzt also $5\frac{90}{119}$, der zweite $4\frac{45}{119}$, der dritte $4\frac{15}{119}$ und der vierte $4\frac{93}{119}$ Dirham.

Natürlich kann man die Besitzverhältnisse auch durch eine Matrizengleichung ausdrücken und sie mit den Methoden der linearen Algebra lösen.

25. Das Schilfrohr im Wind

Wenn das Schilfrohr x Ellen lang ist, so stecken $x-5$ Ellen zu Anfang im Wasser. Da der im Wasser steckende Teil des senkrechten Rohres, das geneigte Rohr und die dazwischen liegende Wasserlinie ein rechtwinkliges Dreieck bilden, gilt nach dem Satz des Pythagoras:

$(x-5)^2 + 10^2 = x^2$

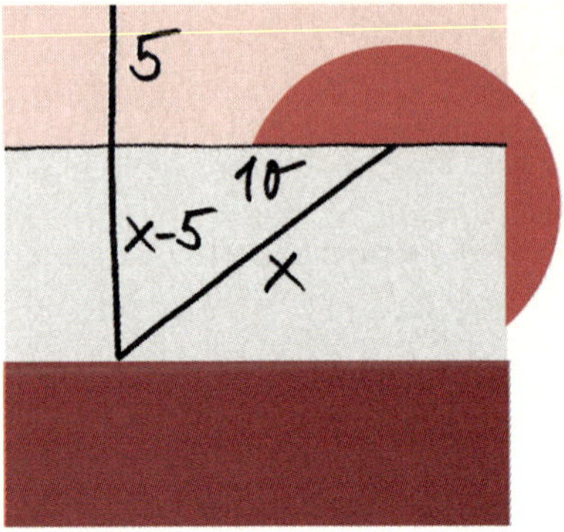

Multipliziert man die Klammer aus und fasst dann die Ausdrücke zusammen, so heben sich die x^2-Terme gegenseitig auf, und man erhält x = 12,5. Das Schilfrohr ist also 12,5 Ellen lang.

26. Der Kampf um den Fisch

Die Abstände des Fisches von den beiden Palmen, die Palmen und Wege der Vögel bilden zwei rechtwinklige Dreiecke. Bezeichnet man den Abstand des Fisches von der größeren Palme mit x und die Flugstrecke der beiden Vögel mit l, so gilt nach dem Satz des Pythagoras:

$$30^2 + x^2 = l^2$$
$$20^2 + (50-x)^2 = l^2$$

Diese beiden Gleichungen setzt man gleich und löst sie nach x auf.

$$30^2 + x^2 = 20^2 + (50-x)^2$$
$$x = 20$$

Der Fisch ist also zwanzig Ellen von der größeren und dreißig Ellen von der kleineren Palme entfernt.

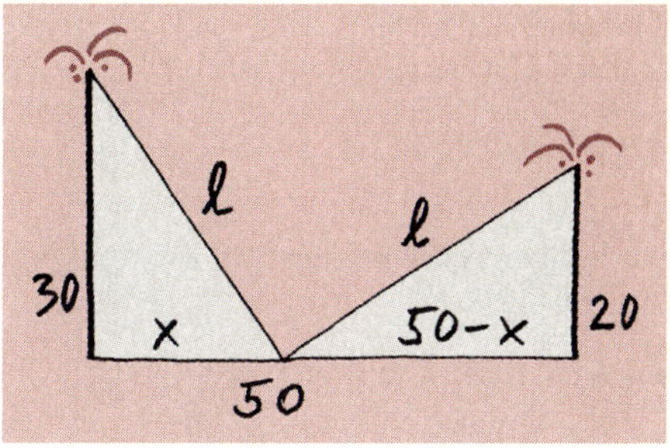

27. Der Pferdehandel

Bezeichnet man den Besitz der drei Männer mit x, y und z, so lassen sich die drei Aussagen, die beim Pferdehandel gemacht werden, durch folgende Gleichungen wiedergeben:

$$x + \frac{y+z}{3} = 100$$

$$y + \frac{x+z}{4} = 100$$

$$z + \frac{x+y}{5} = 100$$

Es gibt verschiedene Methoden, um dieses System aus drei Gleichungen mit drei Unbekannten zu lösen. Man kann die Gleichungen zunächst einmal etwas vereinfachen, indem man sie mit 3 bzw. 4 oder 5 multipliziert.

$$3x + y + z = 300$$
$$x + 4y + z = 400$$
$$x + y + 5z = 500$$

Die erste Gleichung wird nach z aufgelöst

$$z = 300 - 3x - y$$

und dann in die beiden anderen eingesetzt:

$$\begin{aligned} x + 4y + (300 - 3x - y) &= 400 \\ x + y + 5(300 - 3x - y) &= 500 \end{aligned}$$

Die beiden Gleichungen lassen sich zusammenfassen und nach y auflösen.

$$y = \frac{100 + 2x}{3}$$

$$y = \frac{500 - 7x}{2}$$

Setzt man diese beiden Gleichungen gleich und löst sie nach x auf, erhält man $x = 52$. Dieses Ergebnis kann man in eine der beiden obigen Gleichungen einsetzen, und man bekommt $y = 68$. Schließlich ergibt die Gleichung für z noch den Wert $z = 76$.
Der erste Mann besitzt also 52 Dirham, der zweite 68 und der dritte 76.

28. Der Wert des Rings

Wenn der Tagelöhner nur drei Tage statt dreißig arbeitet, so steht ihm auch nur ein Zehntel des Monatslohns zu. Er müsste folglich $\frac{35 + R}{10}$ erhalten, wobei R der Wert des Rings ist. Da sein

Dienstherr ihm stattdessen nur den Ring gibt, hat dieser genau den Wert des ihm zustehenden Lohns.

$$\frac{35+R}{10}=R.$$

Löst man die Gleichung nach R auf, erhält man als Wert des Rings $\frac{35}{9}$ oder $3\frac{8}{9}$ Dirham.

29. Das vererbte Schwert

Da die Mutter $\frac{1}{6}$ und die Gattin $\frac{1}{8}$, also zusammen $\frac{7}{24}$, des Nachlasses erben, bleiben für den Sohn und die Tochter nur noch $\frac{17}{24}$ davon übrig. Hiervon bekommt der Sohn zwei Drittel. Er erhält also $\frac{34}{72}$ des Erbes. Dies entspricht einem Dinar und dem Schwert. Bezeichnet man den Wert des Schwertes mit x, so kann man diesen Zusammenhang durch folgende Gleichung ausdrücken:

$$\frac{34}{72}(10+x)=1+x$$

Nach x aufgelöst, erhält man als Wert des Schwertes $7\frac{1}{19}$ Dinar.

30. Die Grundstücksteilung

Aus dem Aufgabentext ergibt sich eine Aufteilung des Grundstücks in die drei Teile und den Weg, so wie es die Skizze zeigt.

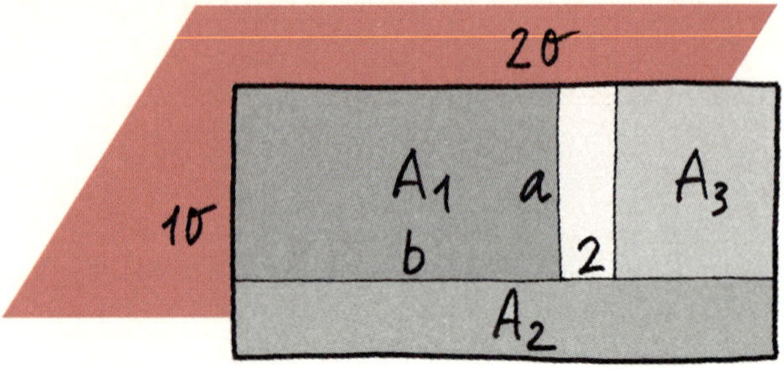

Bezeichnet man die Seitenlängen des ersten Teils mit a und b, so haben die drei Teile folgende Flächeninhalte:

$$A_1 = ab$$
$$A_2 = 20(10-a)$$
$$A_3 = a(18-b)$$

Diese Flächen sollen in den Verhältnissen

$$A_1 : A_2 : A_3 = \frac{1}{2} : \frac{1}{3} : \frac{1}{4}$$

stehen. Daraus ergibt sich

$$\frac{A_1}{A_3} = \frac{ab}{a(18-b)} = \frac{\frac{1}{2}}{\frac{1}{4}}.$$

Die Länge a kürzt sich heraus, und man erhält nach dem Auflösen $b = 12$. Aus dem Verhältnis $A_1 : A_2$ kann man nun a ermitteln.

$$\frac{A_1}{A_2} = \frac{ab}{20(10-a)} = \frac{\frac{1}{2}}{\frac{1}{3}}.$$

Ersetzt man in dieser Gleichung die Länge b durch ihren Wert 12, so lässt sich der Ausdruck zu $a = \frac{50}{7}$ umstellen. Daraus ergeben sich die Inhalte der Flächen zu $A_1 = 85\frac{5}{7}$, $A_2 = 57\frac{1}{7}$ und $A_3 = 42\frac{6}{7}$.

31. Die Hände voller Geld

Wenn x die Anzahl der Dinare und y die der Dirham bezeichnet und die beiden Zahlen, die man sich von seinem Gegenüber nennen lässt, a und b sind, so bedeutet dies:

$$a = x + y$$
$$b = 3x + 2y$$

Löst man die erste Gleichung nach y auf, erhält man

$$y = a - x.$$

Dies setzt man in die zweite Gleichung ein und formt sie nach x um.

$$x = b - 2a.$$

Es ist ungünstig, die Gleichung für y auch durch a und b auszudrücken, denn man erhält dadurch einen komplizierteren Ausdruck als $y = a - x$.
Um nun die Anzahl der Dinare zu bestimmen, zieht man von der zweiten genannten Zahl das Doppelte der ersten ab. Die Anzahl

der Dirhams ist dann die erste genannte Zahl verringert um die Anzahl der Dinare.

32. Zahlenraten

Wird eine Zahl um ihre Hälfte vergrößert, so bedeutet dies eine Division durch 2 und eine anschließende Multiplikation mit 3. Dieser Schritt wird zweimal ausgeführt, es wird also insgesamt durch 4 geteilt. Die einzelnen Schritte bei dem Spiel sehen, je nach Divisionsrest, etwas unterschiedlich aus.
Die gedachte Zahl N kann bei der Division durch 4 den Rest 0, 1, 2 oder 3 ergeben, d. h., sie hat entweder die Form $N = 4n$ oder $N = 4n + 1$ oder $N = 4n + 2$ oder $N = 4n + 3$. Betrachten wir nun die vier Schritte des Spiels für jeden die vier Fälle. Dabei wird die Merkzahl mit m abgekürzt, und die eckigen Klammern bedeuten eine Abrundung auf den ganzzahligen Anteil des umklammerten Ausdrucks.

Fall 1: $N = 4n$ (beide Divisionen ohne Rest)

Schritt 1: $\frac{3}{2} N = \frac{3}{2} \cdot 4n = 6n$ $m = 0$

Schritt 2: $\frac{3}{2} \cdot 6n = 9n$ $m = 0$

Schritt 3: $\left[\frac{1}{9} \cdot 9n\right] = n$

Schritt 4: $4n + m = 4n = N$

Fall 2: $N = 4n + 1$ (1. Division mit Rest, 2. Division ohne Rest)

Schritt 1: $\frac{3}{2}N + \frac{1}{2} = \frac{3}{2} \cdot (4n + 1) + \frac{1}{2} = 6n + 2$ $\quad m = 1$

Schritt 2: $\frac{3}{2} \cdot (6n + 2) = 9n + 3$ $\quad m = 1$

Schritt 3: $\left[\frac{1}{9} \cdot (9n + 3)\right] = n$

Schritt 4: $4n + m = 4n + 1 = N$

Fall 3: $N = 4n + 2$ (1. Division ohne Rest, 2. Division mit Rest)

Schritt 1: $\frac{3}{2}N = \frac{3}{2} \cdot (4n + 2) = 6n + 3$ $\quad m = 0$

Schritt 2: $\frac{3}{2} \cdot (6n + 3) + \frac{1}{2} = 9n + 5$ $\quad m = 2$

Schritt 3: $\left[\frac{1}{9} \cdot (9n + 5)\right] = n$

Schritt 4: $4n + m = 4n + 2 = N$

Fall 4: $N = 4n + 2$ (beide Divisionen mit Rest)

Schritt 1: $\frac{3}{2}N + \frac{1}{2} = \frac{3}{2} \cdot (4n + 3) + \frac{1}{2} = 6n + 5$ $\quad m = 1$

Schritt 2: $\frac{3}{2} \cdot (6n + 5) + \frac{1}{2} = 9n + 8$ $\quad m = 3$

Schritt 3: $\left[\frac{1}{9} \cdot (9n + 8)\right] = n$

Schritt 4: $4n + m = 4n + 3 = N$

In allen vier Fällen kommt also tatsächlich am Ende wieder die gedachte Zahl heraus.

33. Halbieren und Verdoppeln

Zur Verdeutlichung soll das Zahlenraten einmal an einem Beispiel durchgespielt werden. Die gedachte Zahl sei 26. In der rechten Hand ist zu Anfang ein Steinchen, und die linke Hand ist leer. Dann geht es folgendermaßen weiter:

Zahl	Rest	rechte Hand	linke Hand
26	–	1	0
13	0	2	0
6	1	4	$0 + \frac{4}{2} = 2$
3	0	8	2
1	1	16	$2 + \frac{16}{2} = 10$
0	1	32	$10 + \frac{32}{2} = 26$

Zum Schluss befinden sich in der linken Hand 26 Steinchen, gerade so viel wie die gedachte Zahl. Bei genauerem Hinsehen fällt aber noch mehr auf: Bei jedem Schritt ist das Produkt aus der Zahl Z und dem Inhalt der rechten Hand R plus dem der linken Hand L gleich 26.

$ZR + L = 26$

Dies gilt für jede beliebige gedachte Zahl, was auch leicht durch eine vollständige Induktion bewiesen werden kann. Zu Anfang ist die Zahl gleich der gedachten Zahl Z_0, und in der rechten Hand befindet sich ein Stein $R_0 = 1$ und in der linken Hand kein Stein $L_0 = 0$. Die Behauptung $Z_0 R_0 + L_0 = Z_0$ ist also richtig. Beim i-ten Schritt gibt es zwei Möglichkeiten. Die Zahl Z_{i-1} kann gerade sein. Dann gilt $Z_i = \frac{1}{2} Z_{i-1}$, $R_i = 2R_{i-1}$ und $L_i = L_{i-1}$ und somit $Z_i R_i + L_i = \frac{1}{2} Z_{i-1} \cdot 2R_{i-1} + L_{i-1} = Z_{i-1} R_{i-1} + L_{i-1}$. Die Zahl Z_{i-1} kann aber auch ungerade sein. Dann ist $Z_i = \frac{1}{2}(Z_{i-1} - 1)$, $R_i = 2R_{i-1}$ und $L_i = L_{i-1} + \frac{1}{2} R_i$, und folglich gilt:

$$Z_i R_i + L_i = \frac{1}{2}(Z_{i-1} - 1) \cdot 2R_{i-1} + L_{i-1} + \frac{1}{2} R_i$$

$$Z_i R_i + L_i = \frac{1}{2}(Z_{i-1} - 1) \cdot 2R_{i-1} + L_{i-1} + R_{i-1}$$

$$Z_i R_i + L_1 = Z_{i-1} R_{i-1} + L_{i-1}$$

In beiden Fällen erhält man also das Ergebnis $Z_{i-1} R_{i-1} + L_{i-1}$, und da dies im ersten Schritt gleich der gedachten Zahl ist, muss

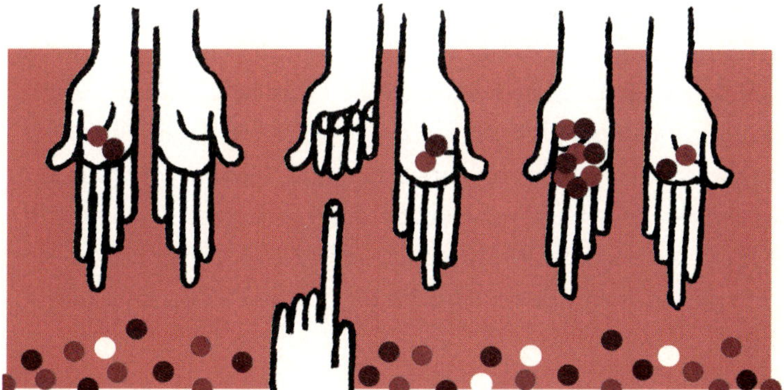

das Ergebnis auch nach jedem weiteren Schritt gleich der gedachten Zahl sein. Nun ist aber nach dem letzten Schritt die Zahl auf 0 geschrumpft und folglich das Produkt daraus mit dem Inhalt der rechten Hand auch 0. Somit muss zum Schluss der Inhalt der linken Hand immer gleich der gedachten Zahl sein.

34. Zahlenreste

Die drei Zahlen 5, 7 und 3 sind Primzahlen, deshalb folgt aus dem chinesischen Restsatz, dass es in dem Zahlenbereich von 1 bis $5 \cdot 7 \cdot 3 = 105$ nur eine einzige Zahl geben kann, von der die drei Divisionsreste a, b und c stammen können.
Die Summe, die nun bei dem Spiel gebildet werden soll, beträgt $21a + 15b + 70c$. Den Rest, der bei der Division dieser Summe durch 105 entsteht, kann man als $21a + 15b + 70c - 105k$ schreiben. Dabei ist k eine ganze Zahl, die gerade so groß gewählt ist, dass der Ausdruck in dem Bereich von 0 bis 104 liegt. Nun muss noch gezeigt werden, dass dieser Ausdruck auch tatsächlich bei den Divisionen durch 5, 7 und 3 die Reste a, b und c ergibt. Das kann man aber leicht sehen: $105k$ ist durch 5, 7 und 3 teilbar und ergibt keinen Rest. $21a$ ist zwar durch 3 und durch 7 teilbar, ergibt aber bei Division durch 5 der Rest a. $15b$ ist durch 3 und durch 5 teilbar und ergibt bei der Division durch 7 den Rest b. Und schließlich ist $70c$ durch 5 und 7 teilbar und ergibt bei der Division durch 3 den Rest c. Damit ist die Behauptung bewiesen.

35. Die Mathematik des Weintrinkens

Bezeichnet man die Ausgangsmenge an Most mit M_0, die beim Kochen verdampfte Menge mit M_1, die als Schaum entnommene Menge mit M_2 und die zum Vergären eingedickte Menge mit M, so kann man Abu Mansurs Rechenvorschrift als Gleichung schreiben.

$$\frac{\frac{1}{3}M_0}{M_0 - M_1} = \frac{M}{M_0 - M_1 - M_2}$$

Dabei beschreibt die linke Gleichungsseite das erste Verfahren und die rechte das zweite.
Nach einigen Umformungen wird aus der Gleichung

$$M_0^2 - (M_1 + M_2 + 3M)M_0 + 3MM_1 = 0.$$

Diese quadratische Gleichung hat die beiden Lösungen

$$M_0 = \frac{1}{2}\left(M_1 + M_2 + 3M\right) \pm \sqrt{\frac{1}{4}\left(M_1 + M_2 + 3M\right)^2 - 3MM_1}\,.$$

Setzt man für die Mengen die Zahlen aus der Aufgabe ein, erhält man als erste Lösung $M_0 = 30$ und als zweite $M_0 = 5$ Ledereimer voll Most. Die zweite Lösung scheidet jedoch aus, da bei ihr negative Zwischenmengen auftreten, was natürlich sinnlos ist.

36. Eine Zahlenspielerei

Das kleinste gemeinsame Vielfache der Zahlen 2, 3, 4, 5 und 6 ist $2^2 \cdot 3 \cdot 5 = 60$. Darum ergibt die Division von 61 durch 2, 3, 4, 5 und 6 jeweils einen Rest von 1. Aber auch alle ganzzahligen Vielfachen von 60, die man um 1 erhöht, hinterlassen den Rest von 1 bei der Teilung durch 2, 3, 4, 5 und 6. Die ersten sieben dieser Zahlen sind 1, 61, 121, 181, 241, 301 und 361. Davon ist nur 301 durch 7 teilbar. Folglich sind alle Zahlen der Form $301 + 7 \cdot 60 \cdot n = 301 + 420n$ mit $n = 0, 1, 2, 3, \ldots$ durch 7 teilbar und ergeben einen Rest von 1, wenn man sie durch 2, 3, 4, 5 oder 6 teilt.

37. Ein Punkt im Dreieck

Verbindet man den Punkt P mit den Ecken des gleichseitigen Dreiecks, so wird es dadurch in drei kleinere Dreiecke unterteilt. Diese Dreiecke haben alle eine Grundseite der Länge a, und ihre Höhen sind die Abstände x, y und z des Punktes P von den Seiten des gleichseitigen Dreiecks.

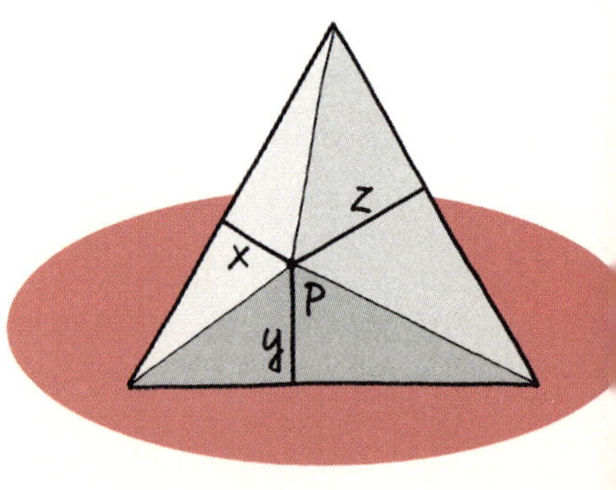

Die Fläche eines Dreiecks ist das halbe Produkt aus seiner Grundseite und seiner Höhe. Bezeichnet man die Höhe des gleichseitigen Dreiecks mit h, so beträgt seine Fläche

$$A = \frac{1}{2}ah.$$

Die Fläche des gleichseitigen Dreiecks ist aber auch die Summe der Flächen der drei Unterdreiecke.

$$A = \frac{1}{2}ax + \frac{1}{2}ay + \frac{1}{2}az$$

Setzt man beide Ausdrücke gleich, erhält man

$$x + y + z = h.$$

Es spielt also gar keine Rolle, wo im Inneren des gleichseitigen Dreiecks der Punkt P liegt: Die Summe seiner Abstände zu den drei Seiten ist immer gleich der Dreieckshöhe h. Diese kann man mit dem Satz des Pythagoras leicht zu $\frac{1}{2}\sqrt{3}\,a$ berechnen.

$$x + y + z = \frac{1}{2}\sqrt{3}\,a$$

38. Die Getreideernte

Für die Gesamtmenge x des Getreides und die Anteile der drei Männer daran gilt die Gleichung

$$x = \left(\frac{1}{3} + \frac{1}{8}\right)x + \left(\frac{1}{4} + \frac{1}{5}\right)x + 5.$$

Nach x aufgelöst, erhält man eine Ernte von insgesamt $54\,\frac{6}{11}$ Kurr.

39. Der geknickte Stab

Liegt die Bruchstelle in einer Höhe h über dem Boden, so hat das abgeknickte Stück des Stabes die Länge $l-h$. Nach dem Satz des Pythagoras gilt nun $h^2 + a^2 = (l-h)^2$.

Multipliziert man die Klammer aus, so fällt der quadratische Term von h fort, und die Gleichung lässt sich ganz einfach nach h auflösen.

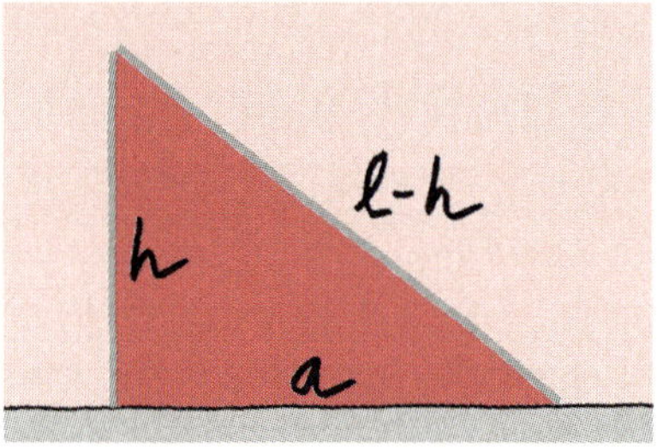

$$h = \frac{l^2 - a^2}{2l}$$

40. Die sieben Erben

Der Sohn bekommt vom Geld des Mannes einen Anteil, der dem von zwei Töchtern entspricht. Wenn der Fremde nichts erben würde, so erhielte also jeder der fünf Töchter $\frac{1}{7}$ und der Sohn $\frac{2}{7}$ des Geldes.

Nun soll aber der Fremde ein Drittel des gesamten Geldes erben, vermindert um den Anteil, den der Sohn bekäme, wenn der Fremde nichts erben würde. Folglich beträgt der Anteil F des Fremden

$$F = \frac{1}{3} - \frac{2}{7} = \frac{1}{21}$$

Von den restlichen $\frac{20}{21}$ des Nachlasses bekommt der Sohn

$$S = \frac{2}{7} \cdot \frac{20}{21} = \frac{40}{147}$$

und jede der Töchter

$$T = \frac{1}{7} \cdot \frac{20}{21} = \frac{20}{147}.$$

41. Der Baum im Wasser

Kürzt man die Länge des Baumes mit l ab, lassen sich die Angaben über ihn durch eine Gleichung zusammenfassen.

$$l = \frac{1}{2}l + \frac{1}{3}l + \sqrt{l}$$

Sie kann zu

$$\frac{1}{6}l = \sqrt{l}$$

vereinfacht werden. Quadriert man beide Seiten der Gleichung und löst sie nach l auf, erhält man die Länge des Baumes zu 36 Ellen.

42. Die Hüter des Gartens

Hat die Frau x Orangen gepflückt, so bekommt der erste Torhüter $\frac{x}{2}$ Orangen, der zweite Torhüter $\frac{x}{4}$, der dritte $\frac{x}{8}$ und der vierte $\frac{x}{16}$. Die Frau selbst behält 10 Orangen. Das führt zur Gleichung

$$\frac{1}{2}x + \frac{1}{4}x + \frac{1}{8}x + \frac{1}{16}x + 10 = x.$$

Löst man sie nach x auf, erhält man $x = 160$. Die Frau hat somit 160 Orangen im Garten gepflückt.

43. Gewichtsstücke

Ist eine Balkenwaage genau austariert, so ist die Summe der Gewichte in der linken Waagschale genauso groß wie die Summe der Gewichte in der rechten Waagschale. Liegen in der linken Schale Steine vom Gewicht a_1, a_2, a_3, … und auf der rechten Waagschale das Wägegut vom Gewicht w und zusätzlich noch die Steine vom Gewicht b_1, b_2, b_3, …, so gilt, wenn die Waage im Gleichgewicht ist,

$$w + b_1 + b_2 + b_3 + \ldots = a_1 + a_2 + a_3 + \ldots$$

Löst man die Gleichung nach w auf, erhält man

$$w = a_1 + a_2 + a_3 + \ldots - b_1 - b_2 - b_3 - \ldots$$

Beim Gegengewicht zum Wägegut zählen also die Steine auf der linken Schale positiv und die auf der rechten negativ.
Wie viele verschiedene Gewichte kann man mit n Gewichtssteinen maximal bilden? Jeder Stein kann entweder auf der linken oder der rechten oder auf keiner Waagschale liegen. Es gibt also für jeden Stein jeweils drei Möglichkeiten. Bei n Steinen ergibt dies insgesamt 3^n Möglichkeiten. Ein Teil davon ist jedoch sinnlos. Eine der 3^n Möglichkeiten ist, dass kein Gewichtsstein auf den Waagschalen liegt. Damit würde man das Gewicht 0 erzeugen, was aber nicht mitgezählt werden soll. Die Hälfte der noch verbleibenden $3^n–1$ Möglichkeiten ergibt ein negatives Gewicht. Das ist auch leicht einzusehen, denn zu jedem positiven Gesamtgewicht erhält man ein gleich großes negatives Gesamtgewicht, wenn man alle Vorzeichen der beteiligten Steine umkehrt. So wird beispielsweise aus $9 - 3 + 1 = 7$ der Wert $-9 + 3 - 1 = -7$. Das bedeutet also, mit n Steinen lassen sich maximal $\frac{1}{2}(3^n - 1)$ Pfund bilden. Anders ausgedrückt: Mit n Steinen kann man höchstens alle Gewichte von einem Pfund bis hin zu $N = \frac{1}{2}(3^n - 1)$ Pfund bilden.
Will man umgekehrt wissen, wie viele Gewichtsstücke mindestens notwendig sind, um alle ganzzahligen Gewichte von 1 Pfund bis hin zu N Pfund wägen zu können, muss man die Gleichung $N = \frac{1}{2}(3^n - 1)$ nach n auflösen.

$$n = \left\lceil \frac{\lg(2N + 1)}{\lg 3} \right\rceil$$

Ergibt der Bruch auf der rechten Seite der Gleichung keine ganze Zahl, so muss man seinen Wert auf die nächstgrößere ganze Zahl aufrunden, denn die Anzahl der Gewichtssteine kann natürlich

nur ganzzahlig sein. Dieses Aufrunden auf die nächstgrößere Zahl wird durch die Klammern $\lceil\,\rceil$ beschrieben.
In at-Tabaris Aufgabe soll man mit den Gewichtssteinen alle ganzzahligen Gewichte von einem bis zu $N = 10\,000$ Pfund wägen können. Setzt man dies in die Gleichung ein, erhält man vor dem Aufrunden einen Wert, der ganz knapp über 9 liegt und somit auf 10 aufgerundet werden muss. Man braucht also mindestens zehn Gewichte.
Nun bleibt noch zu klären, ob es auch tatsächlich möglich ist, mit n Steinen alle Gewichte von 1 bis $\frac{1}{2}(3^n - 1)$ bilden zu können. Dies kann man wirklich erreichen, indem man als Gewichte der einzelnen Steine die Potenzen von 3 nimmt: $3^0 = 1$, $3^1 = 3$, $3^2 = 9$, $3^3 = 27$, $3^4 = 81, \ldots$
Der erste Stein hat ein Gewicht von $3^0 = 1$ Pfund. Damit lässt sich natürlich nur das Gewicht ein Pfund bilden. Der nächste Stein ist $3^1 = 3$ Pfund schwer. Mit dem ersten Stein lassen sich durch Abziehen, Weglassen und Hinzuzählen 3^1 weitere Gewichte bilden: $2 = 3 - 1$, $3 = 3$ und $4 = 3 + 1$. Der dritte Stein wiegt $3^2 = 9$ Pfund. Mit den ersten beiden Steinen lassen sich wiederum durch Abziehen, Weglassen und Hinzuzählen 3^2 weitere Gewichte bilden: $5 = 9 - 3 - 1$, $6 = 9 - 3$, $7 = 9 - 3 + 1$, $8 = 9 - 1$, $9 = 9$, $10 = 9 + 1$, $11 = 9 + 3 - 1$, $12 = 9 + 3$ und $13 = 9 + 3 + 1$.
Nach diesem Muster geht es weiter: Der $(n + 1)$-te Stein hat ein Gewicht von 3^n Pfund. Mit den ersten n Steinen lassen sich durch Abziehen, Weglassen und Hinzuzählen 3^n weitere Gewichte bilden. Da auf diese Weise kein Gewicht auf mehr als eine Weise gebildet werden kann und außerdem kein Gewicht ausgelassen wird, erreicht man mit n Steinen auch tatsächlich die Maximalzahl von $\frac{1}{2}(3^n - 1)$ Gewichten.

Hätten die zehn Steine in at-Tabaris Problem Gewichte von 1, 3, 9, 27, 81, 243, 729, 2187, 6561 und 19683 Pfund, könnte man nicht nur alle Gewichte von 1 bis 10000 Pfund wägen, sondern sogar bis 29524 Pfund. Mit nur neun Steinen käme man allerdings nur auf eine Obergrenze von 9841 Pfund.

Ist die geforderte Obergrenze kleiner als $\frac{1}{2}(3^n - 1)$, aber größer als $\frac{1}{2}(3^{n-1} - 1)$, so benötigt man dennoch n Steine, aber es gibt meistens mehrere Möglichkeiten, welche Gewichte diese haben können. Ist beispielsweise die Obergrenze drei Pfund, so braucht man zwei Steine. Diese können die Gewichte 1 und 3 Pfund oder 1 und 2 Pfund oder 2 und 3 Pfund haben. Aus diesem Grund gibt es auch für at-Tabaris Aufgabe mehrere Lösungen.

44. Die Verfolgung

Der erste Kurier legt an n Tagen insgesamt $6n$ Parasangen zurück. Der zweite Kurier, der erst vier Tage später abreist, läuft an diesen n Tagen $9(n–4)$ Parasangen weit. Wenn der zweite Kurier den ersten eingeholt hat, haben beide die gleiche Strecke zurückgelegt. Es gilt somit $6n = 9(n–4)$.
Löst man die Gleichung nach n auf, erhält man, dass die Kuriere sich $n = 12$ Tage nach der Abreise des ersten treffen.

45. Eine zweite Verfolgung

Wenn sich die beiden Kuriere nach n Reisetagen treffen, so hat der erste $30n$ Parasangen zurückgelegt. Die pro Tag zurückgelegten Strecken des zweiten Kuriers bilden eine arithmetische Reihe, und ihre Summe nach n Tagen beträgt $n = \frac{1}{2}(n+1)$. (Arithmetische Reihen werden in der Lösung von Aufgabe 18 erklärt.) Am Treffpunkt sind die zurückgelegten Wege der beiden Kuriere natürlich gleich.

$$30n = \frac{1}{2}n(n+1)$$

Diese Gleichung lässt sich zu $n = 59$ auflösen. Der zweite Kurier überholt den ersten also nach 59 Tagen.

46. Die Begegnung

Ist der Abstand der beiden Städte s und braucht der erste Bote für diese Strecke die Zeit t_1 und der zweite die Zeit t_2, so haben sie die Geschwindigkeiten $v_1 = s/t_1$ und $v_2 = s/t_2$. Wenn der erste Bote bei der Begegnung schon die Strecke x geritten ist und dafür die Zeit t gebraucht hat, so gilt

$$x = v_1 t = \frac{s}{t_1} t.$$

Der zweite Bote hat bis zur Begegnung die Strecke $s - x$ zurückgelegt und dafür auch die Zeit t benötigt.

$$s - x = v_2 t = \frac{s}{t_2} t.$$

Setzt man die erste in die zweite Gleichung ein, erhält man

$$s - \frac{s}{t_1} t = \frac{s}{t_2} t.$$

Löst man dies nach t auf, so wird daraus

$$t = \frac{t_1 t_2}{t_1 + t_2}.$$

Mit den Reisedauern $t_1 = 5$ Tage und $t_2 = 7$ Tage ergibt sich, dass die beiden Boten sich $2\,\frac{11}{12}$ Tage nach der Abreise treffen.

47. Der unentschlossene Bote

Dieses Problem ist ein wenig hinterhältig. Viele Menschen versuchen es auf folgende Weise zu lösen: Wenn der Bote jeweils an einem Tag achtzehn Parasangen voran- und am folgenden zwölf zurückgeht, so kommt er seinem Ziel alle zwei Tage insgesamt sechs Parasangen näher. Da $\frac{42}{6} = 7$ ist, erreicht er sein Ziel nach $2 \cdot 7 = 14$ Tagen. Doch diese Rechnung ist falsch. Das erkennt man sofort, wenn man sich einmal ein Weg-Zeit-Diagramm der Reise ansieht.

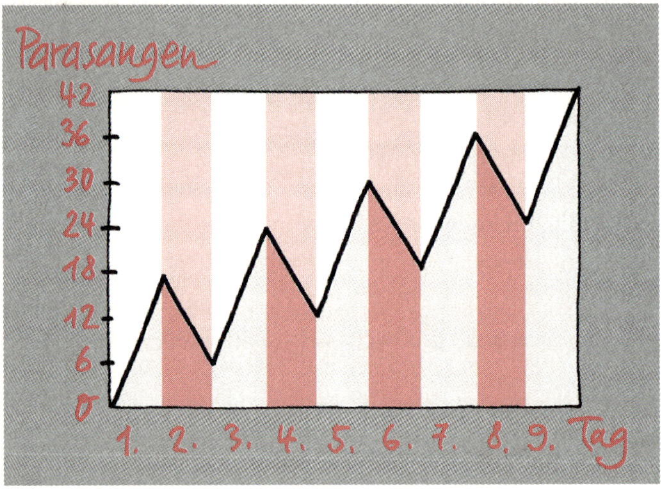

Der Bote erreicht die Stadt also schon nach neun Tagen.
In at-Tabaris Buch ist die Stadt übrigens nur vierzig Parasangen entfernt. Um ein ganzzahliges Ergebnis zu erhalten, ist die Entfernung hier auf 42 Parasangen erhöht worden.
Diese Art von Aufgaben mit abwechselnder Hin- und Herbewegung kennt man auch im Abendland seit etlichen Jahrhunderten in vielen Varianten. Einmal ist es eine Schnecke, die tagsüber versucht, aus einem Brunnen zu kriechen, und nachts wieder ein Stück zurückrutscht. Ein anderes Mal ist es eine Katze, die auf einen Baum klettert, dann wieder eine Taube, die auf einen Turm fliegt.

48. Der Brunnenbau

Die n jeweils eine Elle dicken Erdschichten müssen beim Graben des Brunnens nacheinander 1, 2, 3, …, n Ellen hoch befördert werden. Die Gesamtförderhöhe ist eine arithmetische Reihe und hat den Wert $n = \frac{1}{2}(n+1)$ Ellen. (Arithmetische Reihen werden in der Lösung von Aufgabe 18 erklärt.)
Der ursprünglich geplante Brunnen sollte $n = 15$ Ellen tief gegraben werden. Die Gesamtförderhöhe hätte also 120 Ellen betragen. Der tatsächlich gegrabene Brunnen war nur $n = 10$ Ellen tief, und die Gesamtförderhöhe betrug somit nur 55 Ellen.
Da der Arbeiter für die Gesamtförderhöhe von 120 Ellen 30 Dirham bekommen sollte, betrug sein Lohn $\frac{30}{120} = \frac{1}{4}$ Dirham pro Elle. Folglich stand ihm für den zehn Ellen tiefen Brunnen ein Lohn von $\frac{55}{4} = 13\frac{3}{4}$ Dirham zu.
Die von at-Tabari vorgenommene Unterteilung in eine Elle dicke Schichten ist ein wenig willkürlich. Würde man die Schichten dicker oder dünner machen, müsste der Arbeiter für das Graben des zehn Ellen tiefen Brunnens einen anderen Lohn erhalten.
Je dünner man die Schichten ansetzt, umso genauer ist das Ergebnis. Sind sie im Grenzfall infinitesimal dünn, so kann man die Gesamtförderhöhe nur noch mit der Integralrechnung bestimmen. Hat eine einzelne Schicht, die sich in der Tiefe x befindet, die Dicke dx, so ist die Gesamtförderhöhe bei einem n Ellen tiefen Brunnen

$$\int_0^n x\,\mathrm{d}x = \frac{1}{2}n^2.$$

Die Gesamtförderhöhe eines 15 Ellen tiefen Brunnens wäre somit $\frac{225}{2} = 112\frac{1}{2}$ Ellen und die eines 10 Ellen tiefen 50 Ellen. Der Arbeitslohn betrüge folglich

$$\frac{30}{\frac{225}{2}} = \frac{4}{15}$$

Dirham pro Elle. Der Arbeiter hätte deshalb für den 10 Ellen tiefen Brunnen nur $50 \cdot \frac{4}{15} = \frac{40}{3} = 13\frac{13}{3}$ Dirham Lohn bekommen müssen.

49. Seltsame Verwandtschaft

Angenommen, ein Mann M_1 ist mit der Tochter F_1 des Mannes M_2 und seiner Frau F_2 verheiratet. Die beiden haben einen Sohn M_3 und eine Tochter F_3. Der Mann M_2 heiratet nun seine Enkelin F_3, und die beiden bekommen den Sohn M_4. Der Mann M_3 ist nun der Bruder der Mutter von M_4 und umgekehrt ist der Mann M_4 der Halbbruder der Mutter von M_3. Folglich sind die Männer M_3 und M_4 beide voneinander jeweils Onkel mütterlicherseits. Streng genommen ist jedoch M_4 nur der Halbonkel von M_3.

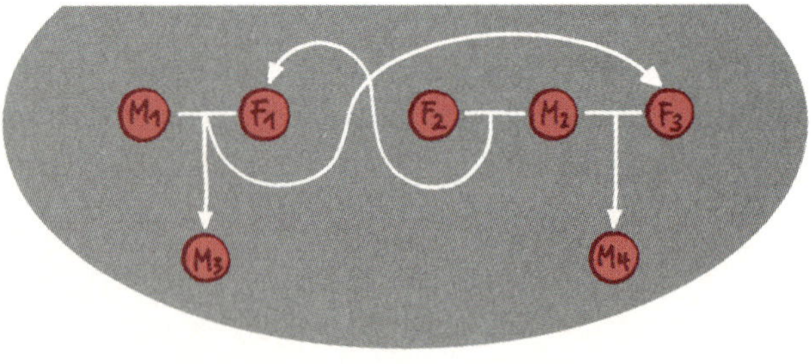

50. Badepreise nach Glaubensbekenntnis

Bezeichnet man die Anzahl der muslimischen, christlichen und jüdischen Badegäste mit m, c und j, so gilt für Badegäste die Gleichung

$$m + c + j = 30$$

und für die Eintrittspreise

$$\frac{1}{2}m + 2c + 3j = 30.$$

Löst man die erste Gleichung nach m auf und setzt sie in die zweite ein, so erhält man nach einigen Umformungen

$$j = \frac{3(10 - c)}{5}.$$

Da j nur eine ganze Zahl sein kann, muss sich der Bruch vollständig kürzen lassen. Das ist aber nur möglich, wenn der Klammerausdruck ein Vielfaches von 5 ist. Dazu gibt es drei Möglichkeiten: c ist entweder 0, 5 oder 10. Aus diesen drei Werten für c erhält man j die Zahlen 6, 3 und 0 und für m gerade 24, 22 und 20.

Das Bad wurde also entweder von sechs Juden und vierundzwanzig Muslimen besucht oder von fünf Christen, drei Juden und zweiundzwanzig Muslimen oder von zehn Christen und zwanzig Muslimen.

51. Anglerlatein

Ist g das Gewicht des Fisches, so ergeben die Angaben in der Aufgabe folgende Gleichung:

$$g = \frac{1}{3}g + \frac{1}{4}g + 10.$$

Nach g aufgelöst, erhält man für den Fisch ein Gewicht von 24 Pfund.

Diese Aufgabe gibt es in unzähligen Abwandlungen seit vielen Jahrhunderten im Morgen- und im Abendland.

Bei Beha ed-Din, einem persischen Mathematiker, der um 1600 lebte, lautet sie: Ein Fisch steckt zu einem Drittel im Schlamm, zu einem Viertel im Wasser und ragt drei Spannen über der Wasseroberfläche hinaus in die Luft. Wie lang ist der Fisch?

Ist l die Länge des Fisches, so bedeutet dies

$$l = \frac{1}{3}l + \frac{1}{4}l + 3,$$

und man erhält $l = \frac{36}{5} = 7{,}2$ Spannen.

Vermutlich ist die Aufgabe nicht arabischen, sondern indischen Ursprungs. Schon der im 9. Jahrhundert in Südindien lebende Mathematiker Mahavira fragt nach der Länge einer Säule, von der $\frac{1}{8}$ in der Erde, $\frac{1}{3}$ im Wasser und $\frac{1}{4}$ im Schlamm steckt und von der 7 Ellen in die Luft ragen.

Bezeichnet man mit l die Länge der Säule, so folgt aus der Aufgabe

$$l = \frac{1}{8}l + \frac{1}{3}l + \frac{1}{4}l + 7.$$

Nach l aufgelöst, erhält man eine Länge von 24 Ellen.

Eine besonders einfache, dennoch für viele Menschen fast unlösbare Variante kursiert seit einigen Jahrzehnten in europäischen und amerikanischen Denksportaufgabenbüchern: Ein Fisch wiegt ein Kilogramm plus die Hälfte seines Gewichts. Wie schwer ist er?
Da der Fisch zusätzlich zur Hälfte seines Gewichts noch ein Kilogramm wiegt, so muss dieses Kilogramm die andere Hälfte seines Gewichts sein. Folglich wiegt er zwei Kilogramm.

52. Das Vermögen

Nennt man das Vermögen *x*, so führen die Angaben aus der Aufgabe zu folgender Gleichung:

$$\frac{1}{4}\left(\frac{1}{3}x+\frac{1}{5}x\right)+\frac{1}{2}\left(x-\frac{1}{3}x-\frac{1}{5}x\right)=11$$

Löst man sie nach *x* auf, erhält man ein Vermögen von 30 Dirham.

53. Der große Rösselsprung

Die Anzahl der möglichen Springerwege geht in die Billionen. In dem arabischen Schachbuch wird eine Lösung angegeben, bei der die eine Hälfte der Rundtour vollständig in der oberen und die andere in der unteren Bretthälfte liegt. Würde der Springer nicht vom Feld h1 aus starten, sondern von h5 aus und dann nach f6 springen, so bliebe er zunächst nur in der oberen Hälfte des Brettes, danach ausschließlich in der unteren Hälfte und gelänge erst mit dem letzten Sprung wieder auf sein Ausgangsfeld in der oberen Hälfte.

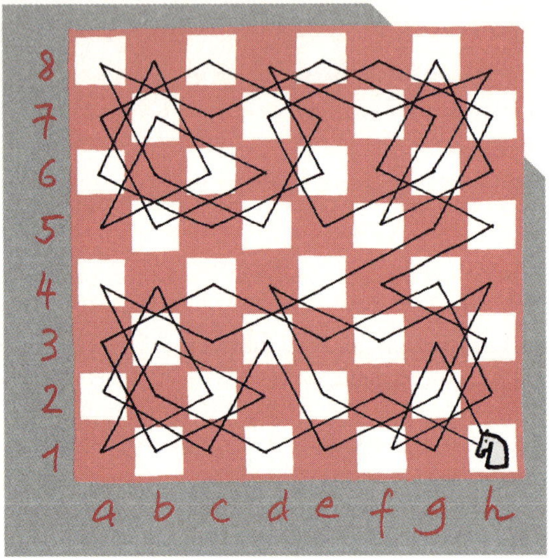

Viele Denksportler, Schachspieler und auch Mathematiker haben das Rösselsprungproblem untersucht. Selbst der große Schweizer Mathematiker Leonhard Euler (1707–1783) hat sich intensiv damit beschäftigt. Doch erst im Jahre 1997 gelang es Brendon D. McKay mit Hilfe von Computern, die Anzahl aller möglichen Rösselsprünge zu berechnen: Es sind insgesamt 13267364410532. Dabei sind alle Wege, die durch Spiegelung, Drehung oder Rückwärtslaufen aus anderen Wegen hervorgehen, nicht einmal mitgezählt.

54. Der Geldwechsler

Die drei Münzarten *a*, *b* und *c*, die der Geldwechsler herausgibt, haben jeweils einen Wert von $a = G/36$, $b = G/48$ und $c = G/72$. Dabei ist mit *G* ein Gulden gemeint. Da der Mann für seinen Gulden von dem Wechsler jeweils *n* Münzen von jeder Sorte haben möchte, gilt

$n\,(a + b + c) = G.$

In diese Gleichung setzt man für *a*, *b* und *c* die entsprechenden Werte ein.

$$n\left(\frac{G}{36} + \frac{G}{48} + \frac{G}{72}\right) = G$$

Nach *n* aufgelöst, ergibt die Gleichung, dass der Mann von jeder Sorte sechzehn Münzen bekommt.

55. Der Lohn der Arbeit

Simon stehen pro Arbeitstag $\frac{11}{17}$ Paschute zu. Da er neun Tage arbeitet, erhält er $9 \cdot \frac{11}{17} = \frac{99}{17} = 5\frac{14}{17}$ Paschute Lohn.

56. Seid gegrüßt!

Wenn in der Gruppe *n* Männer sind, so kann man die Erwiderung auf den Gruß durch die Gleichung

$$n + n + \frac{n}{2} + \frac{n}{4} + 1 = 100$$

darstellen. Löst man sie nach n auf, so erhält man $n = 36$.

57. Schüler und Taugenichtse

Am einfachsten löst man die Aufgabe, indem man von einem Kreis mit dreißig freien Plätzen ausgeht. Nun zählt man die Plätze ab und stellt dabei auf jeden neunten Platz einen Taugenichts. Trifft man beim Zählen auf einen schon besetzten Platz, so überspringt man ihn. Hat man auf diese Weise fünfzehn Taugenichtse untergebracht, so stellt man auf die noch freien Plätze die fünfzehn Schüler.

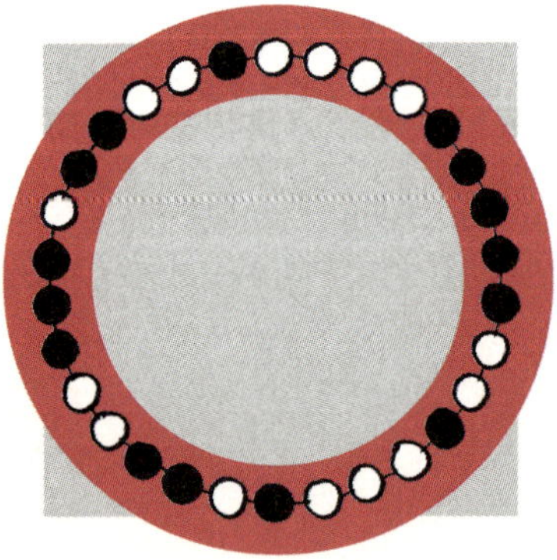

In die Zeichnung wird am obersten Platz begonnen und dann im Uhrzeigersinn gezählt. Die schwarzen Kreise stellen die Taugenichtse und die weißen die Schüler dar.

58. Panmagische Quadrate

Die dritte Grundform der panmagischen Quadrate vierter Ordnung hat folgendes Aussehen:

7	12	1	14
2	13	8	11
16	3	10	5
9	6	15	4

Es gibt insgesamt 880 verschiedene magische Quadrate vierter Ordnung. Dabei sind Quadrate, die durch Spiegelung oder Drehung aus einem anderen entstehen, nicht mitgezählt. Diese Anzahl hat als Erster der französische Freizeitmathematiker Bernard Frénicle de Bessy (1605–1675) bestimmt. Er hat auch eine mehrere Seiten lange Liste mit allen 880 Quadraten erstellt. Die Anzahl der Quadrate und die Liste wurden jedoch erst achtzehn Jahre nach dem Tod von Frénicle de Bessy veröffentlicht. Von den 880 magischen Quadraten vierter Ordnung sind 48 panmagisch.

59. Magische Quadrate höherer Ordnung

Al-Buni gibt in seiner Schrift *Die Perlenschnur über die Wissenschaft der magischen Quadrate und der Astrologie* Beispiele für magische Quadrate bis zur sechsten Ordnung an. Die vier hier aufgeführten Quadrate stammen aus seinem Buch:

Die arabischen Mathematiker kannten allgemeine Regeln, mit denen sie magische Quadrate jeder beliebigen Ordnung erstellen konnten. Einige davon sollen im Folgenden gezeigt werden.
Al-Buni teilte, wie auch noch heute in der Unterhaltungsmathematik üblich, die Ordnungen n der magischen Quadrate in drei Gruppen ein:

ungerade Ordnungen: $n = 1, 3, 5, 7, 9, 11, 13, \ldots$
gerad-ungerade Ordnungen: $n = 6, 10, 14, 18, 22, \ldots$
gerad-gerade Ordnungen: $n = 4, 8, 12, 16, 20, \ldots$

Die Ordnung 2, die eigentlich zu den gerad-ungeraden Ordnungen gehört, ist hier nicht aufgeführt, da es kein magisches Quadrat dieser Ordnung gibt. Ansonsten findet man jede positive ganze Zahl in einer dieser drei Listen.
Für die Herstellung magischer Quadrate ungerader Ordnung benutzt al-Buni die Rösselsprungmethode. Dabei wird die 1 in das Eckfeld oben rechts geschrieben. Die nächsten Zahlen werden nun immer in das Feld gesetzt, das eine Spalte weiter links und zwei Zeilen tiefer liegt als das zuvor besetzte Feld, also immer in ein Feld, das einen Rösselsprung weit entfernt liegt. Um die Stetigkeit der Rösselsprünge zu gewährleisten, denkt man sich dabei, dass der obere Rand des magischen Quadrates direkt

an den unteren schließt und der linke Rand an den rechten. Das magische Quadrat ist also im Gedanken zu einem Torus aufgerollt. Würde man mit dem nächsten Sprung auf ein schon besetztes Feld gelangen, so geht man in derselben Spalte vier Felder nach unten. Mit dieser Methode hat al-Buni das folgende Quadrat erzeugt:

18	10	22	14	1
12	4	16	8	25
6	23	15	2	19
5	17	9	21	13
24	11	3	20	7

Auch ein magisches Quadrat 7. Ordnung lässt sich mit al-Bunis Verfahren bilden.

32	14	38	20	44	26	1
48	23	5	29	11	42	17
8	39	21	45	27	2	33
24	6	30	12	36	18	49
40	15	46	28	3	34	9
7	31	13	37	19	43	25
16	47	22	4	35	10	41

Al-Bunis Methode versagt allerdings bei magischen Quadraten, deren Ordnung durch 3 teilbar ist. Mit einer kleinen Änderung, die von dem Byzantiner Manuel Moscholoulos (ca. 1265–1315) stammt, lässt sich das Verfahren auf alle Quadrate ungerader Ordnungen erweitern: Die 1 wird in das mittlere Feld der obersten Zeile gesetzt. Der Rest des Verfahrens bleibt unverändert. Damit erhält man das folgende Quadrat 9. Ordnung.

66	34	74	42	1	50	18	58	26
46	14	63	22	71	30	79	38	6
35	75	43	2	51	10	59	27	67
15	55	23	72	31	80	39	7	47
76	44	3	52	11	60	19	68	36
56	24	64	32	81	40	8	48	16
45	4	53	12	61	20	69	28	77
25	65	33	73	41	9	49	17	57
5	54	13	62	21	70	29	78	37

Ein anonymes arabisches Manuskript vom Anfang des 12. Jahrhunderts befasst sich ausführlich mit Herstellungsverfahren für magische Quadrate. Der Autor schreibt, er habe das Beste aus den ihm zugänglichen Schriften geschöpft. Er erklärt in seinem Manuskript eine Methode, mit der man magische Quadrate jeder beliebigen ungeraden Ordnung erzeugen kann. Sie soll von Ibn al-Haitham stammen und funktioniert ganz anders als al-Bunis Verfahren.

Bei Ibn al-Haithams Methode schreibt man zunächst einmal in die Felder des Quadrats die Feldnummern. Dabei ist mit der Feldnummer die durchlaufende Nummerierung von der obersten zur untersten Zeile jeweils von rechts nach links gemeint. Dann zeichnet man in das Quadrat ein weiteres Quadrat gleicher Ordnung, das auf der Spitze steht und mit seinen Ecken auf den Seitenmittelpunkten des ersten Quadrats liegt. Ein Teil der Zahlen des ersten Quadrats liegt nun schon auf Feldern des zweiten Quadrats. Die noch überstehenden Spitzen des ersten

Quadrats verschiebt man mit den darin stehenden Zahlen so weit entlang der dazugehörigen Diagonale, bis sie auf freie Felder des zweiten Quadrats zu liegen kommen.
Bei einem magischen Quadrat fünfter Ordnung sieht dies folgendermaßen aus:

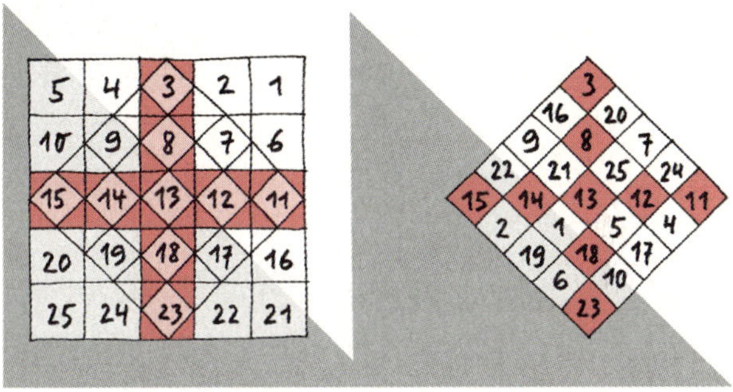

Zum Schluss wird das Quadrat noch um 45 Grad gedreht.

Für die magischen Quadrate gerad-gerader Ordnung geht al-Buni von einem Quadrat vierter Ordnung aus. Im ersten Schritt soll man in ein solches Quadrat auf die vier Eckfelder und die vier Mittelfelder jeweils ihre Feldnummer schreiben. Das Quadrat hat nach dem ersten Schritt folgendes Aussehen:

4			1
	7	6	
	11	10	
16			13

Im zweiten Schritt setzt al-Buni auf die noch freien Felder die komplementären Feldnummern. Die komplementäre Feldnummer erhält man, wenn man die Felder zeilenweise von unten nach oben und jeweils von links nach rechts nummeriert. Dadurch ergibt sich das folgende magische Quadrat:

4	14	15	1
9	7	6	12
5	11	10	8
16	2	3	13

Gerad-gerade magische Quadrate höherer Ordnung bekommt man nach al-Buni, indem man das Quadrat in lauter 4 × 4-feldige Unterquadrate teilt. Jedes Unterquadrat wird nun jeweils für sich nach der gerade beschriebenen Methode mit Zahlen gefüllt. Das magische Quadrat 8. Ordnung bekommt dadurch folgendes Aussehen:

8			5	4			1
	15	14			11	10	
	23	22			19	18	
32			29	28			25
40			37	36			33
	47	46			43	42	
	55	54			51	50	
64			61	60			57

8	58	59	5	4	62	63	1
49	15	14	52	53	11	10	56
41	23	22	44	45	19	18	48
32	34	35	29	28	38	39	25
40	26	27	37	36	30	31	33
17	47	46	20	21	43	42	24
9	55	54	12	13	51	50	16
64	2	3	61	60	6	7	57

Al-Buni sagt in seinem Buch zwar, dass es auch ein Verfahren für Quadrate gerad-ungerader Ordnung gibt, aber er beschreibt es nicht. Man findet solche Methoden jedoch in den Schriften anderer arabischer Mathematiker. Eine davon stammt von Abu Bakr Muhammad ibn al-Hasan al-Hasib al-Karadschi, der um das Jahr 1000 lebte und sie in seinem Buch *Abriss über magische Quadrate* veröffentlichte.

Nach al-Karadschi kann man ein gerad-ungerades Quadrat durch Umrahmung aus einem gerad-geraden Quadrat erzeugen, dessen Ordnung um 2 niedriger ist.

Im ersten Schritt wird der Rahmen der Größe $n \times n$ gebildet, der ein Feld breit ist und im Inneren eine freie Fläche von $(n-2) \times (n-2)$ Feldern hat. In die Felder des Rahmens werden die $2(n-1)$ kleinsten und die $2(n-1)$ größten Zahlen des magischen Quadrats geschrieben, und zwar in folgender Reihenfolge: Die 1 kommt in das zweite Feld von rechts der unteren Zeile und die 2 in das dritte Feld der oberen Zeile. Ab jetzt wird immer nacheinander eine Zahl in das nächste freie Feld (dessen gegenüberliegendes Feld auch frei ist) der unteren Zeile, der linken Spalte, der oberen Zeile und der rechten Spalte geschrieben, bis die Zahl $n-2$ erreicht ist. Die Eckfelder bleiben dabei frei. Nun kommt die Zahl $n-1$ ins rechte obere Eckfeld und die Zahl n ins linke obere Eckfeld. Die nächsten zwei Zahlen kommen in die rechte Spalte. Jetzt geht es nach dem obigen Muster weiter bis zur Zahl $2(n-1)$. Die nun noch freien Felder des Rahmens werden anschließend mit den $2(n-1)$ größten Zahlen so aufgefüllt, dass die Summe von zwei sich gegenüberliegenden Feldern immer n^2+1 ergibt.

Für ein magisches Quadrat sechster Ordnung beispielsweise sieht dies so aus:

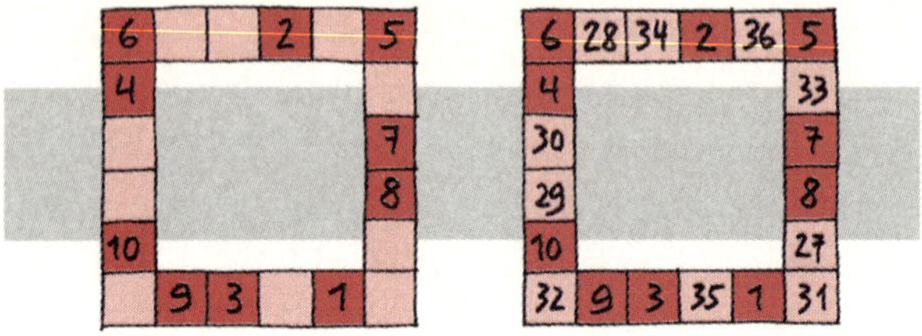

In das Innere des Rahmens wird ein magisches Quadrat $(n-2)$-ter Ordnung gesetzt, dessen Zahlen man alle um $2(n-1)$ erhöht. Das Quadrat bleibt dadurch magisch, aber es enthält nun genau die Zahlen von 1 bis n^2, die in dem Rahmen noch nicht vorkommen. So wird beispielsweise aus dem magischen Quadrat

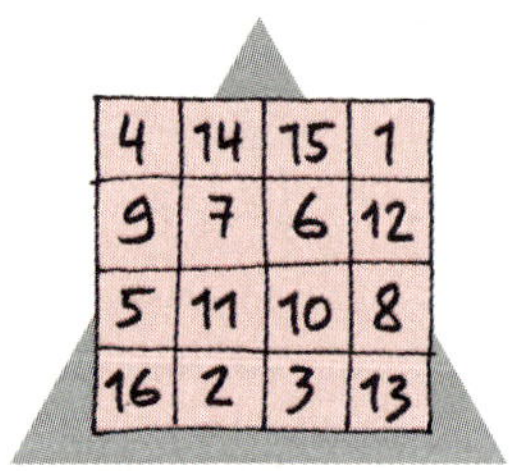

das Quadrat

Zum Schluss wird noch dieses Quadrat (n – 2)-ter Ordnung in den Rahmen gesetzt, und man erhält dadurch ein magisches Quadrat n-ter Ordnung.

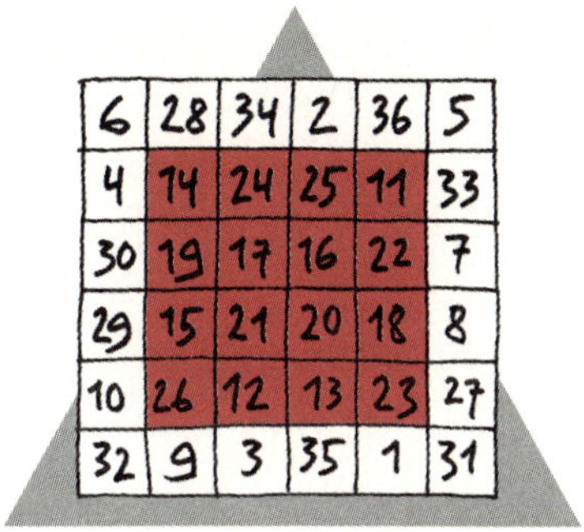

Mit all diesen Verfahren kann man zwar magische Quadrate jeder beliebigen Ordnung erzeugen, nicht jedoch sämtliche einer bestimmten Ordnung. Diese Gesamtzahlen sind bisher überhaupt nur für drei Ordnungen bekannt. Sieht man von magischen Quadraten ab, die durch Drehung oder Spiegelung eines anderen entstehen, so gibt es nur ein einziges Quadrat dritter Ordnung, 880 Quadrate vierter und 275 305 224 Quadrate fünfter Ordnung. Die Anzahl der Quadrate fünfter Ordnung wurde erst 1973 von Richard Schroeppel mit Hilfe eines Computers bestimmt. Für die Anzahl der magischen Quadrate höherer Ordnung liegen nur Schätzwerte vor. So soll es etwa $1{,}775399 \cdot 10^{19}$ Quadrate sechster, $3{,}79809 \cdot 10^{34}$ siebter und $5{,}2210 \cdot 10^{54}$ achter Ordnung geben.

60. Lateinische Quadrate

Das lateinische Quadrat erster Ordnung ist trivial: Es besteht nur aus einem einzelnen Feld, in dem der Buchstabe A steht.
Es gibt nur zwei lateinische Quadrate zweiter Ordnung.

Hingegen gibt es zwölf lateinische Quadrate dritter Ordnung.

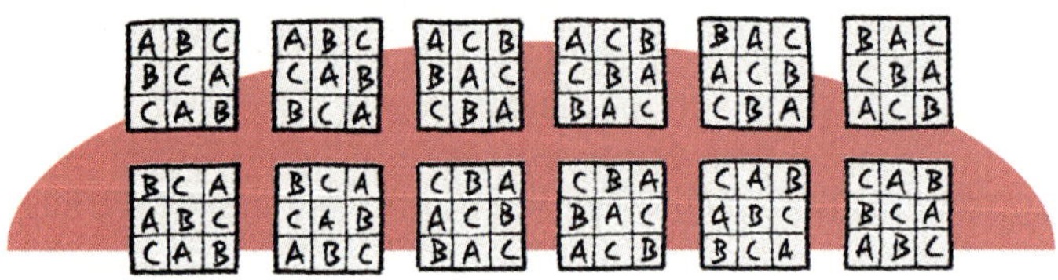

Die Anzahl der Quadrate steigt mit größer werdender Ordnung stark an. So gibt es schon 576 Quadrate vierter Ordnung, 161 280 Quadrate fünfter Ordnung und 812 851 200 sechster Ordnung. Eine geschlossene Formel, mit der man die Anzahl der Quadrate als Funktion der Ordnung berechnen kann, kennt man bis heute nicht.
Tauscht man bei einem lateinischen Quadrat verschiedene Spalten oder verschiedene Zeilen gegeneinander aus, entstehen dadurch wiederum lateinische Quadrate. Insgesamt sind bei einem lateinischen Quadrat n-ter Ordnung $n!(n-1)!$ solcher Zeilen-

und Spaltenvertauschungen möglich. Zählt man alle diese durch solche Vertauschungen ineinander umwandelbaren Quadrate als gleich, so reduziert sich die Anzahl der verschiedenen Quadrate n-ter Ordnung dadurch auf den $(n!(n-1)!)$-ten Teil. Somit gibt es eigentlich nur $2/(2! \cdot 1!) = 1$ lateinisches Quadrat zweiter Ordnung, $12/(3! \cdot 2!) = 1$ Quadrat dritter Ordnung und $546/(4! \cdot 3!) = 4$ Quadrate vierter Ordnung. Man spricht hier auch von den reduzierten lateinischen Quadraten. Die reduzierten lateinischen Quadrate zweiter bis vierter Ordnung sind:

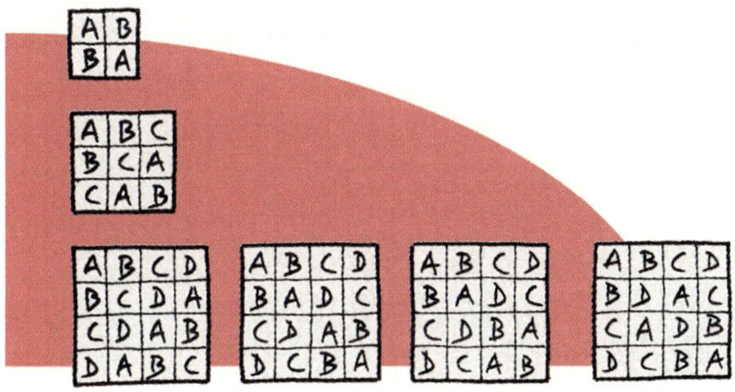

61. Der Kampf der Türme

Zu Anfang stehen beide Türme auf derselben Diagonale des Schachbretts. Wenn der schwarze Turm den ersten Zug macht, so muss er diese gemeinsame Diagonale verlassen. Nun kann der weiße Turm immer einen Zug entweder nach rechts oder nach oben machen, sodass er dann wieder mit dem schwarzen Turm auf derselben Diagonale steht. Außerdem steht der schwarze Turm nach wie vor rechts oberhalb des weißen Turms, da er ja dessen Zeilen und Spalten nicht kreuzen durfte. Auch mit allen weiteren Zügen muss der schwarze Turm immer die gemeinsame Diagonale verlassen, während der weiße Turm sie jedes Mal erreichen kann. Da der weiße Turm immer nur nach rechts oder nach oben zieht, ist seine Zugfolge endlich, und schließlich steht der schwarze Turm wieder rechts oben in der Ecke und der weiße Turm auf dem Diagonalfeld direkt davor. Damit kann der schwarze Turm nicht mehr ziehen, und Weiß hat gewonnen.

62. Die Schachlegende

König Shirham musste für das erste Schachbrettfeld $1 = 2^0$ Weizenkorn geben, für das zweite $2 = 2^1$ Körner, für das dritte $4 = 2^2$ Körner usw. und schließlich für das 64. Feld 2^{63} Körner. Insgesamt kostete ihn Sissa ibn Dahirs Wunsch *s* Weizenkörner.

$s = 2^0 + 2^1 + 2^2 + 2^3 + \ldots + 2^{63}$

Um *s* berechnen zu können, multipliziert man beide Seiten der Gleichung mit 2. Dadurch erhöht sich auf der rechten Gleichungsseite der Exponent jedes Summanden um 1.

$2s = 2^1 + 2^2 + 2^3 + 2^4 + \ldots + 2^{64}$

Nun zieht man von der neu gewonnenen Gleichung die ursprüngliche ab.

$$\begin{array}{rl} 2s = & \quad\;\, 2^1 + 2^2 + 2^3 + 2^4 + \ldots + 2^{63} + 2^{64} \\ s = & 2^0 + 2^1 + 2^2 + 2^3 + 2^4 + \ldots + 2^{63} \\ \hline s = & 2^{64} - 2^0 \end{array}$$

Der König hätte also Sissa ibn Dahir

$2^{64} - 1 = 18\,446\,744\,073\,709\,551\,615$

Weizenkörner geben müssen, aber er konnte den Wunsch unmöglich erfüllen. Die Weizenernte der ganzen Welt hätte dafür nicht ausgereicht. Die Menge der Körner ist so gewaltig groß, dass man damit ein Siebtel der Oberfläche der Erdkugel einschließlich der Meere bedecken könnte.

63. Wanderungen um den See

Der erste Mann wandert mit einer Geschwindigkeit von 10 Meilen pro Tag und legt in n Tagen ein Sechstel des Seeumfangs U zurück. Dies lässt sich durch die Gleichung

$$\frac{1}{6}U = 10n$$

beschreiben.

Der zweite Mann umrundet den See in n Tagen zu fünf Sechsteln. Seine Geschwindigkeit beträgt am ersten Tag 1 Meile pro Tag, am zweiten 2 Meilen pro Tag, am dritten 3 usw. Es gilt also:

$$\frac{5}{6}U = 1 + 2 + 3 + 4 + \ldots + n$$

Die rechte Seite der Gleichung ist eine arithmetische Reihe und hat somit den Wert $n = \frac{1}{2}(n+1)$ (Die Gleichung für die Reihensumme einer arithmetischen Reihe wird in Aufgabe 18 hergeleitet.) Damit vereinfacht sich die Gleichung zu

$$\frac{5}{6}U = \frac{1}{2}n(n+1).$$

Setzt man die Weggleichung des ersten Mannes in die des zweiten ein, so ergibt sich

$$50n = \frac{1}{2}n(n+1).$$

Diese Gleichung kann man nach n auflösen. Man erhält dabei $n = 99$. Folglich begegnen sich die beiden Wanderer, 99 Tage nachdem sie losgegangen sind.

64. Das Kapital

Wenn der Kaufmann n Stücke Ware gekauft und wieder verkauft hat, so betrug das eingesetzte Kapital $10n$ Dirham. Damit lassen sich die Aussagen aus der Aufgabe zu folgender Gleichung zusammenfassen:

$$(12-10)n = 3\sqrt{10n}.$$

Quadriert man beide Seiten der Gleichung und löst sie dann nach n auf, erhält man $n = \frac{90}{4}$. Das eingesetzte Kapital betrug also $\frac{900}{4} = 225$ Dirham.

65. Der Springertausch

Man benötigt mindestens sechzehn Schritte, um die schwarzen mit den weißen Springern zu vertauschen. Die Lösung und ihr Beweis werden ganz einfach, wenn man die Knopf-und-Schnur-Methode des englischen Rätselerfinders Henry Ernest Dudeney benutzt.

In das Schachbrett werden alle möglichen Springerzüge eingezeichnet. Betrachtet man nun die Linien als Schnüre und die Felder als Knöpfe, so kann man das Schachbrett zu einem Kreis auseinander ziehen, wobei benachbarte Springerpositionen in benachbarte Knöpfe auf dem Kreis übergehen. Interessanterweise kann das mittlere Feld B2 des Brettes von einem Springer überhaupt nicht erreicht werden. Um die Figuren zu vertauschen, muss man sie alle in der gleichen Richtung im Kreis herumbewegen. Am Ende hat jeder Springer vier Schritte gemacht. Das ergibt zusammen sechzehn Züge. Mit weniger kann man es nicht schaffen, da ein Überspringen in der Kette nicht erlaubt ist.

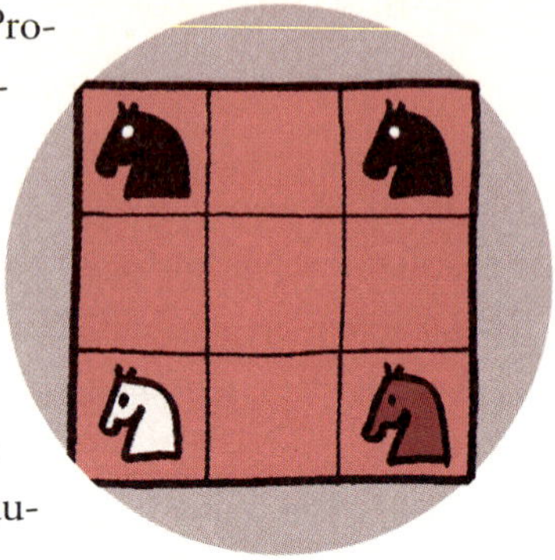

Eine hübsche Variante dieses Problems stammt von dem amerikanischen Rätselexperten Martin Gardner. Einer der beiden weißen Springer wird durch einen roten ersetzt, und die Aufgabe ist nun, die Positionen des roten und des weißen Springers mit möglichst wenigen Zügen zu vertauschen.

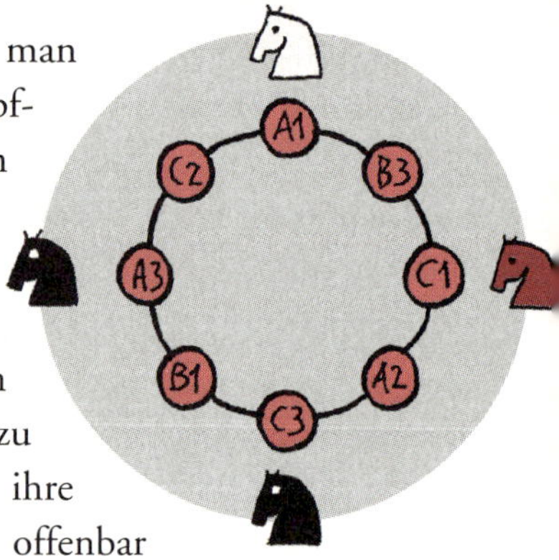

Auch bei dieser Aufgabe wendet man am einfachsten wieder die Knopf-und-Schnur-Methode an. Wenn die Springer den Kreis im Uhrzeigersinn durchlaufen, steht der weiße Springer immer direkt vor dem roten. Wäre es möglich, den roten mit dem weißen Springer zu vertauschen, dann müsste man ihre Reihenfolge umkehren. Das ist offenbar nicht machtbar, denn dazu müsste der rote oder der weiße Springer über beide schwarzen Springer gelangen. Die Aufgabe ist also unlösbar.

66. Das Sieben-Springer-Problem

Auch dieses Problem lässt sich am einfachsten mit Dudeneys Knopf-und-Schnur-Methode aus der vorherigen Aufgabe lösen. An dem Kreisdiagramm sieht man sofort, dass man die sieben Springer nacheinander auf die Felder C2, A3, B1, C3, A2, C1 und B3 stellen und sie dann jeweils um ein Feld im Uhrzeigersinn weiterziehen muss. Eine zweite Möglichkeit ist, die Figuren nacheinander auf die Felder A2, C3, B1, A3, C2, A1 und B3 zu setzen und sie dann jeweils gegen den Uhrzeigersinn zu ziehen.

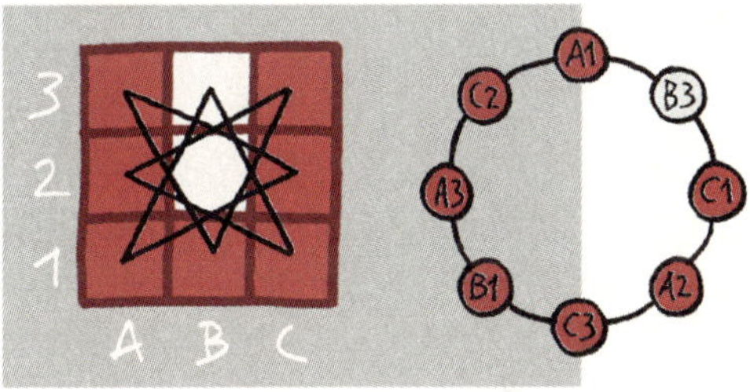

Auch in der westlichen Welt ist diese Aufgabe seit langer Zeit bekannt, allerdings in völlig anderem Gewand, sodass man sie auf den ersten Blick gar nicht wieder erkennt.

Sieben Münzen sollen nach folgendem Verfahren auf die Spitzen eines achteckigen Sterns gebracht werden: Die erste Münze muss auf eine freie Spitze gelegt und dann entlang einer der beiden von dieser Spitze ausgehenden Linien auf eine andere freie Spitze geschoben werden. Die Münze darf jedoch nicht weiter als ein Linienstück verrückt werden. Dort bleibt sie liegen und soll auch später nicht mehr verschoben werden. Danach sollen nach dem gleichen Schema die anderen sechs Münzen auf dem Stern platziert werden. Schaut man sich das Muster an, das die Springerzüge auf dem 3 × 3-feldigen Schachbrett bilden, findet man den achteckigen Stern wieder. Er ist zwar leicht verzerrt, hat aber die gleiche Struktur. Man kann deshalb auch den Stern nach der Knopf-und-Schnur-Methode zu einem Kreis auseinander ziehen und dann die Aufgabe genauso lösen wie das Sieben-Springer-Problem.

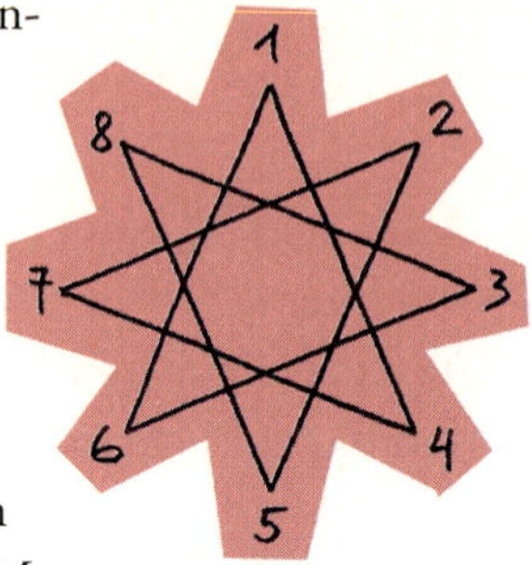

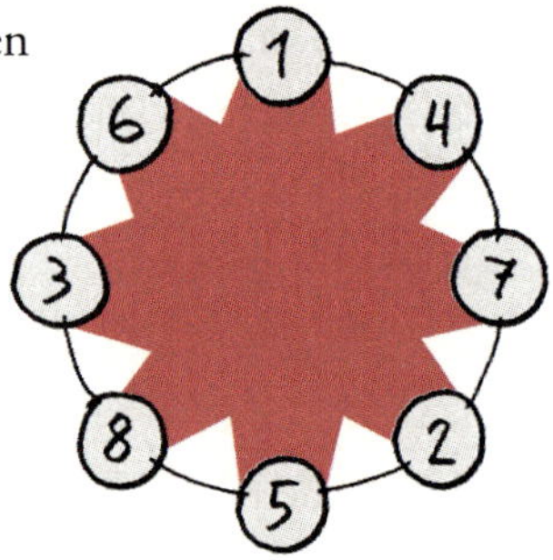

67. Die Wanderung der Springer

Jeder Springer muss insgesamt sieben Felder nach oben gelangen. Da er mit einem Zug aber höchstens zwei Felder schaffen kann, muss er mindestens vier Züge machen. Für alle acht Springer ergibt dies mindestens 32 Züge. Dass 32 Züge auch tatsächlich ausreichen, sieht man an der skizzierten Zugfolge.

68. Der kleine Rösselsprung

Es gibt eine riesige Anzahl von Wegen, die der Springer bei seinem Weg über das halbe Schachbrett nehmen kann. Trotzdem ist es nicht leicht, auch nur einen einzigen davon zu finden. Der hier angegebene Weg stammt aus dem arabischen Schachbuch.

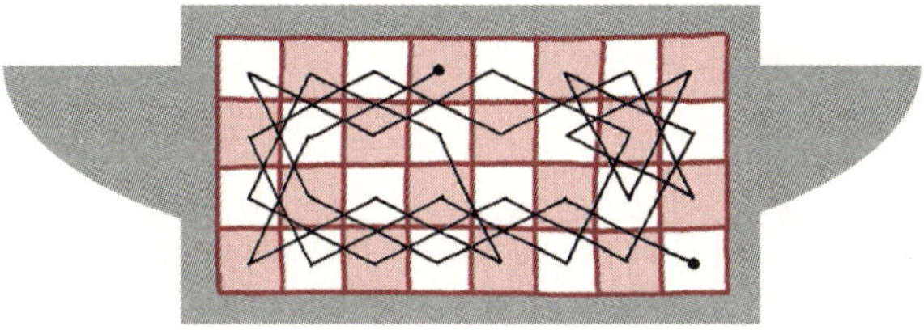

69. Flächenteilungen

Da die vier Erben entsprechend ihrem Erbteil etwas zur Fläche des gemeinsam genutzten Weges beisteuern, muss das verbleibende Grundstück nach den gleichen Verhältnissen geteilt werden, wie es das Gesamtstück hätte müssen.

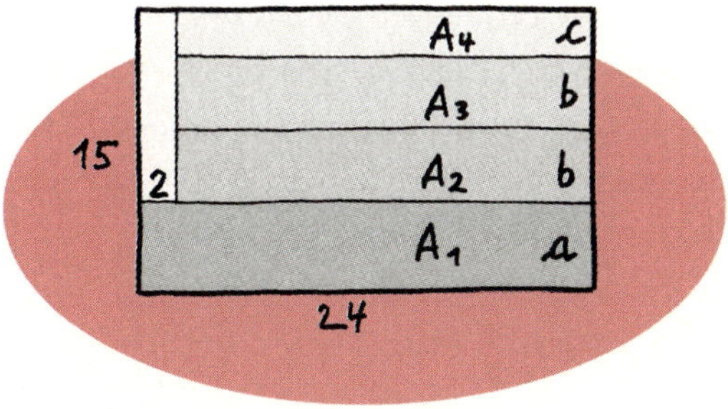

Bezeichnet man die Breiten der vier Landstücke mit a, b und c, so hat die nach Abzug des Weges noch unter den Erben zu verteilende Fläche eine Größe von
$15 \cdot 24 - 2(c + 2b) = 360 - 2c - 4b$.
Die Flächen der vier Landstücke lassen sich jetzt auf jeweils zwei Arten berechnen.

$$A_1 = 24a = \frac{1}{3}(360 - 2c - 4b)$$

$$A_2 = A_3 = 22b = \frac{1}{4}(360 - 2c - 4b)$$

$$A_4 = 22c = \frac{1}{6}(360 - 2c - 4b)$$

Nun löst man die zweite Gleichung nach b auf und setzt sie in die dritte ein, die anschließend nach c aufgelöst wird. Dadurch erhält man $c = \frac{18}{7}$. Mit diesem Wert ergibt die zweite Gleichung $b = \frac{27}{7}$. Setzt man schließlich noch die Werte für b und c in die erste Gleichung ein, so bekommt man nach dem Auflösen $a = \frac{33}{7}$. Nun kann man leicht die Flächeninhalte der vier Landstücke zu $A_1 = 113\frac{1}{7}$, $A_2 = A_3 = 84\frac{6}{7}$ und $A_4 = 56\frac{4}{7}$ berechnen.

70. Gleichschenklige Dreiecke

Der Flächeninhalt A eines Dreiecks ist immer die Hälfte des Produkts aus seiner Grundseite c und der dazugehörigen Höhe h.
$A = \frac{1}{2}ch$

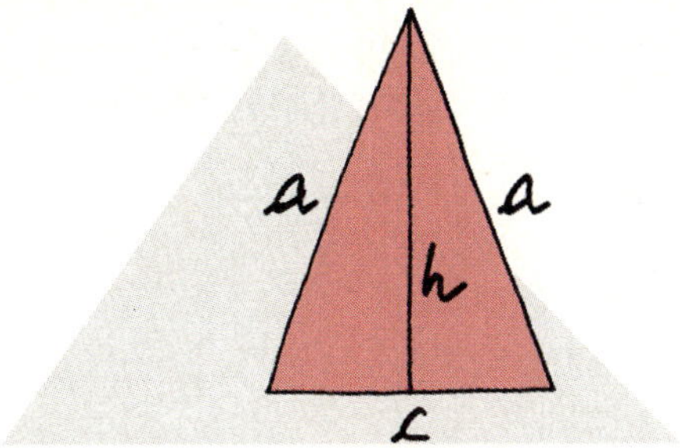

Da die Höhe das gleichschenklige Dreieck in zwei rechtwinklige halbiert, gilt außerdem nach dem Satz des Pythagoras

$$a^2 = \left(\frac{1}{2}c\right)^2 + h^2.$$

Diese Gleichung lässt sich zu

$\frac{1}{4}c^2 = a^2 - h^2$

umstellen und in die quadrierte Flächengleichung

$A^2 = \frac{1}{4}c^2h^2$

einsetzen.

$A^2 = (a^2 - h^2)h^2$

Nach einigen Umformungen wird daraus

$h^4 - a^2h^2 + A^2 = 0.$

Dies ist eine quadratische Gleichung für h^2 und ergibt die beiden Lösungen

$$h^2 = \frac{1}{2}a^2 \pm \sqrt{\frac{1}{4}a^4 - A^2}.$$

Nun kann man noch auf beiden Seiten der Gleichung die Wurzel ziehen und erhält dadurch die vier Lösungen

$$h = \pm\sqrt{\frac{1}{2}a^2 \pm \sqrt{\frac{1}{4}a^4 - A^2}}\ .$$

Das Minuszeichen vor der äußeren Wurzel ist geometrisch unsinnig, da die Höhe eines Dreiecks immer positiv ist. Folglich bleiben nur die beiden Fälle

$$h = \sqrt{\tfrac{1}{2}a^2 \pm \sqrt{\tfrac{1}{4}a^4 - A^2}}$$

übrig.

Was bedeuten die beiden Lösungen? Ein Dreieck kann stumpfwinklig, rechtwinklig oder spitzwinklig sein. Aus dieser Eigenschaft ergibt sich folgende Abhängigkeit der Höhe h von der Schenkellänge a:

stumpfwinklig: $h < \frac{1}{2}\sqrt{2}\,a$
rechtwinklig: $h = \frac{1}{2}\sqrt{2}\,a$
spitzwinklig: $h > \frac{1}{2}\sqrt{2}\,a$

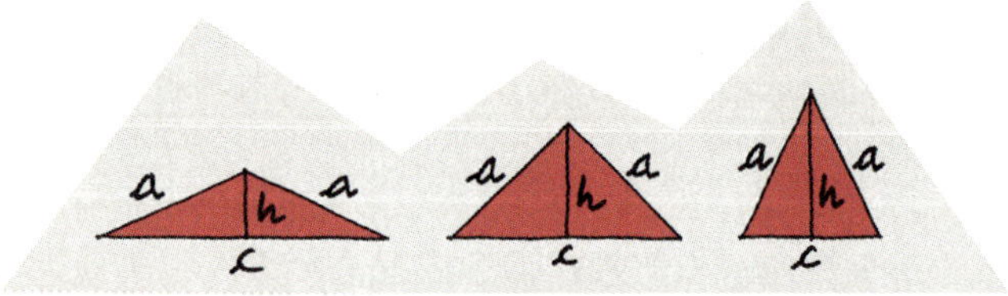

Ein rechtwinkliges gleichschenkliges Dreieck ist ein entlang einer Diagonale halbiertes Quadrat und hat somit den Flächeninhalt $A = \frac{1}{2}a^2$. Das bedeutet, ist in der obigen Gleichung für h^2 der innere Wurzelterm null, so existiert nur eine einzige Lösung für h^2, und das Dreieck ist rechtwinklig. Ansonsten gibt es zu jedem Paar aus Flächeninhalt und Schenkellänge ein stumpfwinkliges Dreieck mit der Höhe

$$h = \sqrt{\tfrac{1}{2}a^2 - \sqrt{\tfrac{1}{4}a^4 - A^2}}$$

und ein spitzwinkliges mit der Höhe

$$h = \sqrt{\tfrac{1}{2}a^2 + \sqrt{\tfrac{1}{4}a^4 - A^2}}\,.$$

71. Sauerhonig

Das Gemisch der drei Flüssigkeiten wiegt $4 + 5 + 9 = 18$ Pfund. Davon ist $\frac{4}{18} = \frac{2}{9}$ Honig, $\frac{5}{18}$ Essig und $\frac{9}{18} = \frac{1}{2}$ Wasser.
Der erste Becher enthält somit $4 \cdot \frac{2}{9} = \frac{8}{9}$ Pfund Honig, $4 \cdot \frac{5}{18} = \frac{10}{9} = 1\frac{1}{9}$ Pfund Essig und $4 \cdot \frac{1}{2} = 2$ Pfund Wasser. Im zweiten Becher sind $1\frac{1}{9}$ Pfund Honig, $1\frac{7}{18}$ Pfund Essig und $2\frac{1}{2}$ Pfund Wasser und im dritten Becher 2 Pfund Honig, $2\frac{1}{2}$ Pfund Essig und $4\frac{1}{2}$ Pfund Wasser.

72. Das Stomachion des Archimedes

Unterlegt man das Stomachion mit einem Raster von 12×12 Quadraten, so liegen alle Punkte auf den Ecken dieser Quadrate. Man kann sich leicht davon überzeugen, dass dies bei der in der Aufgabe angegebenen Konstruktionsvorschrift so sein muss. Nun lässt sich durch Abzählen der kleinen Quadrate oder mit Hilfe des Satzes von Pick der Flächeninhalt jedes Teils ermitteln. In der Zeichnung sind die Inhalte als Zahlen eingetragen.

Der römische Staatsmann und Dichter Ausonius (310–395) schrieb in seinem Buch *Cento Nuptialis*, dass er aus den Stomachionteilen einen Elefanten, einen bellenden Hund, eine fliegende Gans, einen hockenden Jäger, einen bewaffneten Gladiator, einen Krug und einen Turm zusammensetzen konnte. Abbildungen dieser Figuren sind allerdings nicht überliefert. In dieser Anwendung ist das Stomachion des Archimedes der Vorläufer aller Tangramspiele.

Kopieren Sie das Stomachion auf Karton und zerschneiden Sie es in seine vierzehn Teile. Versuchen Sie dann, daraus den Elefanten zu legen. Dazu müssen alle Teile verwendet werden, und sie dürfen sich nicht überlappen.

Es ist nicht allzu schwer, die Lösung zu finden.

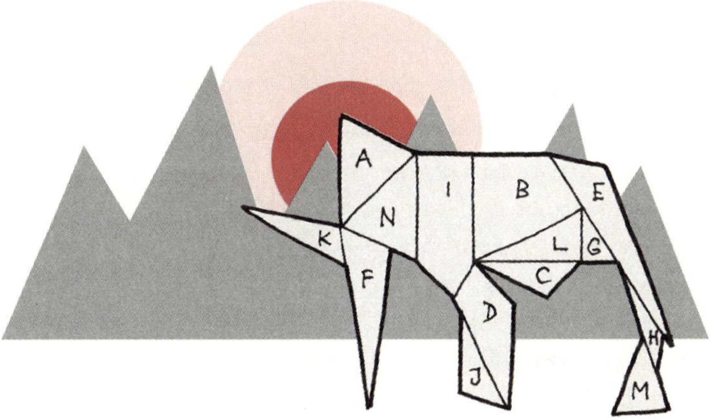

Natürlich kann man mit dem Stomachion, wie mit jedem Tangram auch, noch beliebig viele andere Formen bilden, aber man kann auch versuchen, die vierzehn Teile auf möglichst viele verschiedene Weisen zu einem Quadrat zusammenzusetzen. Der amerikanische Mathematiker William Cutler hat im Jahr 2003 dafür insgesamt 536 Möglichkeiten gefunden und auch bewiesen, dass dies die Höchstzahl ist. Muster, die durch Drehung oder Spiegelung eines anderen Musters oder durch Vertauschen von deckungsgleichen Teilen entstehen, sind dabei nicht mitgezählt.

Weiterführende Literatur

Ahrens, Wilhelm: «Studien über die ‹magischen Quadrate› der Araber», in: *Der Islam,* Bd. 7, 1916, S. 186–250.

–: «Die ‹magischen Quadrate› al-Būni's», in: *Der Islam*, Bd. 12, 1922, S. 157–177.

Bergsträßer, Gotthelf: «Zu den magischen Quadraten», in: *Der Islam* 13, 1923, S. 227–235.

Hermelink, Heinrich: «Die ältesten magischen Quadrate hoher Ordnung und ihre Bildungsweise», in: *Sudhoffs Archiv für Geschichte der Medizin und der Naturwissenschaften*, Bd. 42, 1953, S. 199–217.

–: «Arabische magische Quadrate mit 25 Zellen», in: *Sudhoffs Archiv für Geschichte der Medizin und der Naturwissenschaften*, Bd. 43, 1959, S. 351–354.

–: «Zur Geschichte des Satzes von der Lotsumme im Dreieck», in: *Sudhoffs Archiv*, Bd. 48, 1964, S. 240–247.

–: «Arabische Unterhaltungsmathematik als Spiegel jahrtausendealter Kulturbeziehungen zwischen Ost und West», in: *Janus*, Bd. 65, 1978, S. 105–117.

Rebstock, Ulrich: *Rechnen im islamischen Orient.* Darmstadt 1992.

Ruska, Julius: «Kazwīnīstudien», in: *Der Islam*, Bd. 4, 1913, S. 14–66, 236–262.

Saidan, Ahmad Salim: *The Arithmetic of Al-Uqlīdīsi.* Dordrecht 1978.

Sesiano, Jacques: «Herstellungsverfahren magischer Quadrate aus islamischer Zeit», in: *Sudhoffs Archiv*, Bd. 64, 1980, S.

187–196, Bd. 65, 1981, S. 251–265, Bd. 71, 1987, S. 78–89, Bd. 79, 1995, S. 193–226.

–: «Arabische Mathematik im 8.–10. Jahrhundert», in: Paul Leo Butzer und Dietrich Lohrmann: *Science in Western and Eastern Civilization in Carolingian Times*. Basel 1993.

Suter, Heinrich: «Beiträge zur Geschichte der Mathematik und Astronomie im Islam», Bd. 1 u. 2, Institut für Geschichte der arabisch-islamischen Wissenschaften. Frankfurt a. M.1986.

Tropfke, Johannes: *Geschichte der Elementarmathematik*, Bd. 1, Berlin 1980, 4. Aufl.

Vogel, Kurt: «Ein unbestimmtes Problem al-Karağīs in den Rechenbüchern des Abendlandes», in: *Sudhoffs Archiv*, Bd. 61, 1977, S. 66–74.

Wieber, Reinhard: *Das Schachspiel in der arabischen Literatur von den Anfängen bis zur zweiten Hälfte des 16. Jahrhunderts.* Walldorf 1972.

Wiedemann, Eilhard: *Aufsätze zur arabischen Wissenschaftsgeschichte*, Bd. 1 u. 2. Hildesheim 1970.

Register

Foto: Klaus Kallabis

Christoph Drösser

Stimmt's, Herr Drösser, dass Ihre Bücher süchtig machen?

Stimmt's?
Moderne Legenden im Test
3-499-60728-X
«Bier auf Wein, das lass sein – Wein auf Bier, das rat ich dir.» Stimmt's? Alltagsweisheiten auf dem Prüfstand.

Stimmt's?
Noch mehr moderne Legenden im Test
3-499-60933-9

Stimmt's?
Freche Fragen, Lügen und Legenden für clevere Kids
3-499-21163-7
Stimmt's, dass Pinguine umfallen, wenn Flugzeuge über sie hinwegfliegen? Gähnen ansteckend ist? Pupse brennbar sind? Schokolade süchtig macht? Christoph Drösser, Redakteur der «Zeit» und science-Buchautor, macht Schluss mit Lügen und Legenden. Das Buch macht einfach Spaß – und nebenbei gibt's viel zu lernen!

Stimmt's?
Neue moderne Legenden im Test
«Mit 75 neuen, hoch vergnüglichen Texten steht Christoph Drösser ein weiteres Mal souverän Rede und Antwort ... zum Staunen, Schmunzeln oder Kopfschütteln.»
www.wissenschaft-online.de

3-499-61489-8